QUATRE

NOUVEAUX SYSTÈMES

DE

Sténographie.

QUATRE

NOUVEAUX SYSTÈMES

DIFFÉRENS

DE

STÉNOGRAPHIE,

NE DEMANDANT CHACUN QU'UNE HEURE AU PLUS D'ÉTUDE,

ET POUVANT ÊTRE APPLIQUÉS

soit horizontalement soit verticalement,

par

M. Ed. Colomb-Ménard,

Juge de première instance, Auteur de plusieurs ouvrages de didactique, ancien Vice-Président de comité d'instruction, Membre de sociétés pour l'amélioration des études, etc.

Velociter scribendo
sequare dicendi peritos.

1

A LODÉVE,
IMPRIMERIE DE GUSTAVE BARTHEZ.

A MONTPELLIER,
IMPRIMERIE ET LITHOGRAPHIE DE BOEHM.

1850

ERRATA.

Parmi les quelques fautes d'impression que le Lecteur devra corriger en lisant, il est bon de signaler les suivantes :

Page 6, ligne 14, lisez : *l'hémigraphie* ; — p. 12, l. 17 : *récompense* ; — p. 18, l. 15 : *que, la* ; — p. 25, l. 3 : *exigerait*, et l. 4 : *devrait* ; — p. 26, l. 26 : *de le placer*, et l. 28 : *V. Ex.* 6 ; —p. 27, l. 49 : *polyphthongues* ; — p. 28, l. 8 et 25, p. 32 l. 10, p. 41 l. 8 et p. 43, l. 15 : *horizontale* ; — p. 29, , l. 7 : *quand il porte un de ces signes* ; — p. 37, l. 34 : *ménager* ; — p. 39, l. 5 : *La Diographie, système que nous recommandons d'une manière spéciale, a une* : — p. 40, l. 29 et 31 : *V. Ex.* 36.

SOMMAIRE GÉNÉRAL.

Texte.

Exemples.

PRÉFACE.

Dia semeion scripseram.
J'avais écrit en notes abrégées
CICÉRON à ATTICUS, épître 32.

I

L'art de la reproduction graphique immédiate de la parole ; de celle, bien entendu, convenablement articulée et mesurée, non certes de ce babil qui se précipite en cascades de sons tronqués, désespérément vicieux, souvent inentendus ou inintelligibles, et qui ne mérite aucun nom dans aucune langue ; l'art, disons-nous, d'écrire aussi vite que l'on parle, quand on parle avec netteté, semble avoir existé, au moins en germe, dans les temps les plus reculés.

Que l'on réfléchisse, en effet, à l'antique origine de l'écriture, que, dès l'an 1509 avant J. C., l'on voit introduite dans la Béotie par Cadmus, le fondateur de Thèbes, de qui Brébeuf a dit dans sa traduction de la Pharsale :

C'est de lui que nous vient cet art ingénieux
De peindre la parole et de parler aux yeux,
Et par les traits divers de figures tracées,
Donner de la couleur et du corps aux pensées.

Qu'avec certains auteurs on en attribue l'invention à Hermès, qui florissait quatre siècles avant Cadmus ; qu'avec certains autres on en fasse remonter l'honneur jusqu'à Seth, troisième né d'Adam, il n'en est pas moins vrai que l'existence de l'écriture se perd dans la nuit des temps. Aussi se demande-t-on tout naturellement si, pendant une longue suite de siècles, l'écriture n'a pas été une sorte de concrétion hiéroglyphique du langage, un alphabet d'idées ou même de groupes d'idées, sans doute d'abord imparfait et lent sous bien des rapports, mais quelquefois aussi fort rapide, par suite de l'absence de tout détail dans la représentation de la parole, où le scalpel de l'analyse n'avait point encore découvert les élémens si délicats de la linguistique de nos jours.

Nous ne pousserons pas nos investigations jusqu'à ces temps nébuleux; nous ne rechercherons pas si Dieu, qui a révélé la parole à l'homme, ne lui a pas donné aussi, dès les premiers âges du monde, un moyen de reproduction instantanée, dont les traditions auront pu se perdre, avec les premiers hommes, dans quelque cataclysme universel. Nous ne nous arrêterons pas même à cette pensée que les prétendus oracles du paganisme, comme les prophètes du vrai Dieu, avaient pu se créer, pour leur usage exclusif, un mode plus ou moins mystérieux d'écriture abréviative, dont les langues orientales et notamment l'hébreu semblent nous avoir conservé quelques vestiges. Nous rappellerons seulement, avec Plutarque, que, dès avant Cicéron, dont Tyron l'affranchi recueillait les discours pendant que ce célèbre orateur les prononçait, Xénophon et les disciples de Socrate fesaient usage de notes abrégées.

A Rome, outre le classique Cassianus, si misérablement assassiné par ses propres élèves, Ennius, Jules César, Quintilien et Titus lui même étaient plus ou moins versés dans l'écriture abréviative. Carpentier, le bénédictin, nous a donné la clé de leur alphabet, dont on retrouve les caractères dans ceux de nos capitulaires déchiffrés par Mabillon, et dans plusieurs passages de Saint-Cyprien; sur quoi d'ailleurs il peut être bon de consulter le manuel tyronien que Feutry a publié en 1775.

II

Chez les nations modernes et surtout en Angleterre nous voyons l'art encore plus en honneur. Ratcliffe de Plimouth cherche le premier à le soumettre à une méthode fixe. En 1588, Brigt dédie à la reine Elisabeth un traité d'écriture secrète et abrégée. Wallis en propose un autre en 1602; Rich en fait autant en 1659, et mérite l'éloge de Locke dans l'essai sur l'éducation. En 1767, Byrom donne un traité plus complet, que dépasse encore, en 1786, celui du professeur Taylor: *an universal standart for Stenography*, ou sténographie prétendue modèle.

Un fait d'application remarquable entre mille autres nous est fourni par l'infortuné Charles 1er, retraçant en caractères abréviatifs et secrets ses propres infortunes ou plutôt les égaremens de son peuple.

L'utilité de cet art a été si généralement et depuis si long-temps reconnue, que les Arabes et les Turcs ont leur alphabet ordinaire en quelque sorte sténographique, et n'exprimant les voyelles que par des signes appelés *mineurs*, qu'ils suppriment même souvent dans la pratique. On sait aussi que les Israélites, pour correspondre entre eux des diverses parties de la terre, sur laquelle ils sont disséminés, se servent de caractères rabiniques plus ou moins abréviatifs et dérivant d'un alphabet moins compliqué que celui des bibles hébraïques.

III

En France, les débats parlementaires, qui depuis 1789 ont pris tant d'importance et un si puissant intérêt d'actualité, ont dû faire chercher à ressaisir par la réflexion le fil des bonnes traditions de l'art, et bon nombre d'adeptes se sont voués aux améliorations dont il est susceptible.

Combien d'ouvrages n'a-t-il pas paru sur la matière depuis la *Tachéographie* de l'anglais Chelton, que Ramsay introduisit en France sous Louis XIV à qui il la dédia! Pour n'en citer que les plus estimés, nous mentionnerons ici la *Tachigraphie* que Coulon de Thévenot fit paraître en 1790, la *Sténographie* de Conen de Prépéan, modifiée d'abord par Paris et Mermet, et par Lagache en 1829, le *Short-hand*, système anglais, appliqué au français par Bertin en 1792, revu par Prévot en 1827 et par Fossé en 1829, la méthode de Breton, celle de Chauvin publiée en 1836, celle de Vidal, publiée d'abord avant 1830, et revue en 1848 ; puis, s'il faut indiquer quelques unes de ces productions qui, comme des étoiles filantes, n'ont apparu qu'un moment sur l'horizon, d'où elles sont tombées dans un oubli peut-être injuste, dumoins à l'égard de certaines: la *Brachigraphie*, la *Stéganographie*, la *Sémigraphie*, la *Séméiographie*, la *Takolographie* de Boisduval et Lecoq, la *Cryptographie*, la *Radiographie*, l'*Okigraphie* de Leblanc, la *Lacographie*, la *Zéitographie*, l'*Expédiographie*, la *Notographie* de Dutertre, la *Polygraphie*, la *nouvelle Typographie* de Pront.

IV

Certes, pour être juste, il faut se hâter de reconnaître que, dans plusieurs de ces essais, se trouvent des aperçus ingénieux et le germe de véritables progrès, n'ayant besoin que d'être débarrassés de certaines langes routinières pour conquérir la primauté sur les méthodes actuellement en usage dans la reproduction des discours politiques ou judiciaires.

Mais, dans une matière telle que celle qui nous occupe, qu'importe même la bonté d'une théorie, si on la laisse encore dans les nuages d'une abstraction qui fera toujours préférer aux praticiens les méthodes dont on peut le plus facilement comprendre et retenir les principes?

Saisir la parole au vol, la daguerréotyper, pour ainsi

dire, à son passage, tel est le but de l'écrivain. Comment y arrivera-t-il s'il rencontre à chaque instant de ces embarras dont la mémoire ne puisse se rendre maîtresse qu'après un très-long travail, et qu'on ne sache souvent faire disparaître qu'en recherchant incessamment le moyen dans un interminable vocabulaire d'exceptions? Or, cela n'arrive que trop dans l'écriture prétendue monogrammique de nos jours, dont l'alphabet souvent en apparence fort simple, se grossit bientôt à l'instar de celui des chinois. Dès l'instant, en effet, que l'on procède par signes d'idées spéciales, on ne peut que compter ces signes par milliers. Voilà comment, dans un art que l'on aurait dû chercher à mettre à la portée de tous, s'expliquent ces nombreux amas d'hiéroglyphes dont la clé symbolique ne peut être confiée qu'à des intelligences privilégiées.

V

L'essentiel, c'est donc, en posant des règles d'abréviations raisonnables, de les généraliser autant que possible pour les restreindre à un très petit nombre, tout en soumettant les signes à une extrême simplicité de forme.

Telle est la seule voie à prendre; telle est celle que nous, du moins, nous avons cru devoir suivre pour populariser un art dont l'importance est aujourd'hui plus grande que jamais, et dont, grace à notre humble travail, les noms grecs donnés à ses différens systèmes ne doivent effrayer désormais que les personnes qui ne sauraient consacrer quelques instans à une étude attentive.

Que, si on venait à remarquer quelque rapport entre nos idées et certaines de celles qui ont donné naissance à des traités précédens, et il en a tant été publié que nous ne saurions affirmer le contraire, nous nous en féliciterions plutôt que nous ne serions tenté de nous en affliger. Dans une œuvre, non d'amour propre mais d'utitité générale, il importe peu de pouvoir justifier que l'on a été le premier à concevoir la pensée mère de tel ou tel système, mais bien de prouver que cette idée mère, si naturelle que plusieurs ont pu l'avoir à peu près semblable quoiqu'en des temps différens, est celle qui, soumise à des règles de détails rationnelles et simples, offre la route la plus sûre et la plus prompte pour arriver au but.

Ce que nous pouvons affirmer dans tous les cas, c'est que c'est à nos propres et seules réflexions que nous devons tant notre système général que les divers modes de son application, tels que nous les donnons dans cet opuscule. Les signes, leur classification, les règles de leur contact, ainsi que celles relatives aux abréviations, nous appartiennent aussi exclusivement.

On nous pardonnera de tenir à honneur de le constater, heureux que nous serons toujours de trouver dans l'estime publique la récompence d'un travail utile.

VI

Nous terminerons ces quelques lignes de préface par une observation importante, c'est que, notre système étant calqué sur les divisions naturelles de la parole, il peut s'appliquer à toutes les langues du globe, abstraction faite des règles spéciales à chacune d'elles.

Les élémens syllabiques de la langue française, tels que nous les donnons, suffisent, à peu de chose près, pour représenter ceux des autres langues, lesquels ne s'éloignent assez généralement des nôtres que sous le point de vue de leurs combinaisons. Au besoin, un signe rationnel serait bientôt trouvé pour compléter l'alphabet de nos signes arthriques ou phthongues primitifs, et en multiplierait les combinaisons en quelque sorte à l'infini, ce qui permettrait d'exprimer en un seul trait de plume les groupes d'articulations et de sons les plus bizarres comme les plus compliqués.

Les étrangers remarqueront d'ailleurs qu'il ne s'agit pas ici de donner ces nuances si délicates qui font d'une langue une sorte de mélopée révélatrice de la profondeur de nos sentimens intimes, et dont l'harmonie va si délicieusement au cœur par l'oreille, mais seulement d'une espèce de silhouette de la prononciation, du simple profil du langage, du squelette de la parole. Les chairs, les ombres, les couleurs, ce n'est pas dans la sténographie qu'il faut les chercher.

La tâche du sténographe est certes hérissée d'assez de difficultés pour qu'on n'ait pas à attendre, de la possibilité des efforts de l'écrivain, la reproduction aussi inutile que minutieuse des détails de sonorité linguistique, qu'il est d'ailleurs plus que facile de rétablir lors de la transcription en écriture ordinaire.

N'est-ce donc pas atteindre la sublime hauteur de l'art que de concourir à fixer dans la mémoire des hommes, les inspirations les plus passagères du génie, les beautés les plus inattendues de l'éloquence, et de faire que l'on ne puisse pas dire seulement: *scripta*, mais aussi, *verba manent* ?

NOTIONS ET OBSERVATIONS

PRÉLIMINAIRES.

Avant d'étudier aucun système de sténographie, il est bon de se familiariser avec les élémens constitutifs de la syllabe vocale, afin que la syllabe sténographique en puisse être la représentation exacte, abstraction faite de tout système d'orthographe autre que celui de l'orthographe de son.

1. De la Syllabe vocale.

La syllabe vocale se compose de *sons* et d'*articulations*.

Le *son*, c'est la voix pure, laquelle, donnée avec la bouche plus ou moins ouverte, se reconnait en ceci qu'elle peut se soutenir telle quelle pendant toute une expiration d'air, c'est-à-dire, tant qu'il en vient des poumons, où l'aspiration avait eu lieu par la trachée-artère, et d'où cet air s'échappe sonore, à l'aide du jeu de la glotte, espèce d'anche naturelle placée à l'orifice du larynx (*).

Les *articulations*, ce sont les mouvemens des organes auxiliaires extérieurs, c'est-à-dire, des lèvres et surtout de la langue, vers le palais, le nez, les dents ou le gozier, d'où vient la distinction des articulations en *linguales palatales*, *nasales*, *dentales* ou *gutturales*, et en *labiales*; toutes articulations qui prennent en outre la qualification de *fortes* ou de *faibles*, suivant le plus ou le moins d'intensité dans la mise en jeu de l'organe auxiliaire vocal.

Les articulations ne produisent aucun son par elles mêmes, mais elles ont une action modificative sur l'émission ou principe des sons purs ainsi que sur leur terminaison.

Elles les frappent en quelque sorte, non pour les produire, puisque la cause en est indépendante, mais, au contraire, pour en arrêter en quelque sorte l'élan par une sorte d'obstacle momentané qu'ils doivent franchir à leur émission, ou devant lequel leur durée s'arrête forcément.

Sans provoquer le son comme le marteau qui frappe un corps sonore, comme lui cependant elles l'étoufferaient en entier si leur action se prolongeait trop long-temps sur lui sans se retirer par l'effet de la pulsation. Mais, une fois le bruit initial de l'articulation organique produit, le son s'échappe indépendant, et pour rester, sauf un nouvel obstacle dans la durée des ondes sonores, aussi pur que s'il n'avait été frappé en aucune sorte par aucune articulation.

Quoi qu'il en soit, toute syllabe parlée, autrement dit, toute émission de voix commence par un son, ou par une articulation frappant un son.

Les syllabes *frappées* (celles commençant par une articulation) peuvent donc se diviser,

(*) Les poumons, dont l'aspiration et l'expiration successives constituent la respiration, font à peu près l'office du soufflet. La trachée-artère en est comme le canal d'entrée, et le larynx comme le canal de sortie.

dans le raisonnement sinon dans la réalité, en deux parties hémisyllabiques distinctes : la partie qui opère la *pulsation* ou frappement, et celle sur laquelle cette sorte de frappement a lieu.

La première partie hémisyllabique, celle qui frappe, s'appelle ÉLÉMENT ARTHRIQUE (du mot grec *arthron*, articulation), et se distingue en MONOARTHRIQUE et en POLYARTHRIQUE, suivant que la même pulsation comprend une ou plusieurs articulations appréciables. On nomme cet élément DIARTHRIQUE quand on veut exprimer qu'il comprend deux articulations, et TRIARTHRIQUE quand on veut exprimer qu'il en comprend trois.

La seconde partie hémisyllabique, celle frappée, s'appelle à son tour ÉLÉMENT PHTHONGUE (du grec *pthoggos*, son), et se distingue en MONOPHTHONGUE et en POLYPHTHONGUE, suivant que son émission comprend un ou plusieurs sons appréciables. Cet élément prend le nom de DIPHTHONGUE quand on veut exprimer qu'il se compose de deux sons, et celui de TRIPHTHONGUE quand on veut indiquer qu'il en a trois, dernier cas qui cependant ne se présente pas dans la langue française.

La PHTHONGUE, SIMPLE ou COMPOSÉE, est sans doute souvent pure dans sa finale, mais elle est souvent aussi altérée par une articulation terminative, qui, bien que sans pulsation réelle, laisse pourtant entendre, d'une manière plus ou moins sensible, le bruit qui lui est particulier, et sous l'action de laquelle finit celle du son qui la précède. Cet élément prend en ce cas le nom de PHTHONGUE MIXTE; tantôt PARFAITE, comme dans la première syllabe du mot *im-mortalité*, tantôt IMPARFAITE, comme dans le mot *im-primerie*.

En résumé, il y a deux élémens hémisyllabiques :

1° L'ÉLÉMENT ARTHRIQUE ou *d'articulation initiale*, qui frappe; MONOARTHRIQUE pour une seule articulation, DIARTHRIQUE pour deux, TRIARTHRIQUE pour trois.

2° L'ÉLÉMENT PHTHONGUE ou *de son*, qui est frappé, ou qui constitue à lui seul une syllabe non frappée, et sans lequel, qu'il soit pur ou altéré dans sa finale, qu'il soit simple, composé ou mixte, il ne saurait jamais y avoir de syllabe d'aucune espèce; MONOPHTHONGUE pour un seul son, DIPHTHONGUE pour deux, TRIPHTHONGUE pour trois.

Voici, du reste, un résumé des divers élémens syllabiques de notre langue, tels qu'ils doivent être classés, sans considération aucune pour le nombre des signes ou lettres dont ils se composent dans l'écriture ordinaire.

1° ÉLÉMENS ARTHRIQUES SIMPLES.

	LINGUALES		LABIALES	
MONOARTHRIQUES :	*fortes*	*faibles.*	*fortes.*	*faibles.*
Palatales coulées, dites liquides. . .	**r, rh, rr**	**l, lh, ll**	»	»
Palatales sifflantes.	**c, s, ss**	**-s, z**	»	»
Palatales âpres.	**ch**	**j, g**	»	»
Palatales soufflantes.	»	»	**f, ph**	**v**
Palatales dentales.	**t, th, tt**	**d, dh, dd**	»	»
Nasales.	**n, nn**	»	»	**m, mm**
Gutturales.	**c, k, cq**	**g, gh**	»	»
Palatale et nasale mouillées. . . .	**-ill, -ilh**	**-gn**		
Labiales pures.	»	»	**p, pp**	**b, bb**

1° bis : ÉLÉMENS ARTHRIQUES COMPOSÉS.

DIARTHRIQUES ou liées : savoir,

avec l'articulation *r* finale : **tr dr, pr, br, cr** ou **chr, gr, fr** ou **phr, vr;**

avec l'articulation *l* finale : **pl, bl, cl** ou **chl, gl, fl** ou **phl;**

avec l'articulation *s* initiale : **sr, sl, sn, sm, st, sd, sp, sb, sq, sg, sph, sv ;**
liées diverses : **ghn, mn, pn, ps, pt, phth,** etc.
TRIARTHRIQUES : **scr, spl,** etc.

2° ÉLÉMENS PHTHONGUES SIMPLES.

	SONS OUVERTS		SONS INTERMÉDI.		SONS FERMÉS	
	ouverts ordinaires	*longs et plus ouverts*	*ordinaires*	*plus longs*	*fermés ordinaires*	*longs et plus ferm.*
MONOPHTHONGUES :						
Sons les plus ouverts	**a, ea, à, ah**	**â**	»	»	»	»
Sons ouverts moyens	**è, ai, ei, eh**	**ê, aî**	»	»	»	»
Les plus fermés des sons ouv.	**é, ai, hé**	»	»	»	»	»
Mi ouverts, mi fermés	»	»	**i, y, hi**	**î**	»	»
Sons les moins fermés 1° faibles	»	»	»	»	**e, he,**	»
2° forts	«	»	»	»	**eu, œu,**	**êu**
Sons fermés moyens	»	»	»	»	**o, eau**	**ô, aû**
Sons fermés sous moyens	«	»	«	»	**ou**	**oû**
Sons les plus fermés	»	»	»	»	**u**	**û**

2° bis : ÉLÉMENS PHTHONGUES COMPOSÉS.

DIPHTHONGUES ou liées :
avec le son *i* initial : **ia, ié, iai, io, iou, ieu ;**
avec le son *au* ou *o* fermé : **oa, oi ;**
avec le son *ou* : **oui, ouai ;**
avec le son *u* : **ui, œi.**

2° ter. ÉLÉMENS PHTHONGUES MIXTES.

Avec une articulation mixte imparfaite : **ean, ein, eon, eun, oin,** et leurs équivalents ;
Avec une articulation mixte parfaite : **ar, el, èm, im, iel, ur, oc, ed, ep, eb, is, ex, our, eul, oil, œil, iar, hier,** etc.

2. De la Syllabe sténographique.

On n'a point à s'occuper ici de la reproduction de la parole avec les caractères adoptés par la science, ou par l'usage, souvent aussi erroné qu'impérieux. L'orthographe usuelle n'a que faire ici. Peu nous importent donc les difficultés dont cette branche de l'art grammatical est hérissée. Peu nous importe qu'il n'y ait pas toujours analogie entre les caractères souvent fort nombreux que l'on emploie pour l'expression syllabique et les divisions naturelles de la parole. Nous renvoyons pour cette étude spéciale, délicate, et certes aussi intéressante que nécessaire, mais étrangère à notre sujet, à la première partie de notre ouvrage sur la langue française, des vrais principes de laquelle le sténographe doit, il est vrai, se pénétrer comme tout autre, mais en dehors de son art, dans la pratique duquel il n'a à faire l'application d'aucune règle ordinaire.

Ce qu'il entend, voilà ce qu'il a à reproduire, sans avoir besoin, nous le répétons, de se préoccuper des lettres, voyelles ou consonnes, qu'il faudrait dans l'orthographe ordinaire.

Ce qu'il entend, est-ce une monoarthrique ou une diarthrique, une monophthongue ou une diphthongue, voilà tout ce qu'il a à discerner. Le relevé que nous avons donné ci-dessus des élémens syllabiques ne peut que faciliter sur ce point le travail de son esprit.

Il a vu, en effet, dix-huit articulations différentes, dont neuf fortes et neuf faibles.

Or, comme dans nos quatre systèmes le signe d'une faible est le même que celui de la forte à laquelle elle correspond (un peu plus prolongé ou fait en sens inverse), il en résulte que neuf signes suffisent à représenter toutes les articulations simples.

Pour les arthriques composées ce sont encore les mêmes signes, avec l'addition, suivant le cas, d'une boucle ou d'un crochet.

Relativement aux phthongues, les seize élémens du tableau ci-dessus se réduisent en réalité à sept par suite de la confusion, utile en sténographie, des sons ouverts **è** et **é**, des sons fermés **e** (*he*) et **eu**, et de toutes les longues avec les phthongues ordinaires auxquelles elles correspondent.

Pour les phthongues composées, l'adjonction d'un point, ou d'un autre petit signe presque aussi simple, suffit à toutes les combinaisons.

Enfin, quant aux phthongues mixtes, elles ne demandent rien autre que la contraction en un seul trait de plume du signe phthongue avec le signe arthrique qui la termine et que l'on lie sans boucle intermédiaire.

On verra même dans nos deux premiers systèmes les phthongues sous entendues dans une foule de cas sans avoir besoin d'aucun signe particulier.

On en comprend la raison dès que l'on réfléchit que la parole, même la plus correcte, étant souvent fort rapide, il est essentiel que les caractères dont on se sert soient excessivement simples, et susceptibles de combinaisons si abréviatives et si faciles que chaque trait de plume, à mouvement simple ou combiné, puisse reproduire chaque syllabe parlée au fur et à mesure de son émission.

Dès l'instant que la syllabe parlée, de quelques élémens qu'elle se compose, se produit en un seul temps vocal, par suite de la combinaison de l'élément arthrique avec l'élément phthongue, la plume du sténographe ne doit non plus donner qu'un seul temps à la combinaison des divers signes que peut exiger la syllabe la plus compliquée.

Pour cela, il faut non seulement que les signes, soient, comme nous venons de le dire, peu nombreux, simples à concevoir, et d'une exécution facile, mais encore que chacun d'eux ait deux valeurs simultanées quoique différentes ; savoir, une valeur absolue, invariable et toujours attributive ou négative d'articulation, et une valeur relative variable quant au son.

Or, nos signes principaux se formant d'une seule petite ligne droite, courbe ou mixte, rien ne semble pouvoir être plus simple.

Quant à la contraction des deux valeurs arthrique et phthongue, rien n'est encore plus simple. Seulement il faut distinguer :

La valeur arthrique se détermine par la forme même du signe.

La valeur phthongue se détermine à son tour, savoir:

Dans notre *Système Phérographique*, par le *degré d'élévation du signe arthrique*, sur une ligne spéciale double, ou triple, à volonté;

Dans notre *Système Hémigraphique*, par l'*inclinaison du signe arthrique* au dessus et au dessous d'une ligne simple ;

Dans notre *Système Diographique*, par la *manière dont le signe arthrique se termine.*

Enfin, dans notre *Système Sydographique*, par une *accentuation spéciale* au dessous du signe arthrique.

Pour les valeurs composées diarthriques, triarthriques, ou diphthongues, nous l'avons déjà vu, on adjoint au signe principal un tout petit signe auxiliaire qui n'ajoute en quelque sorte rien au temps du tracé, lequel d'ailleurs se compense avec le temps, rapide, il est vrai, que la prononciation emploie à la distinction des divers sons ou articulations dont ces groupes se composent.

De plus, comme dans certaines circonstances, la parole impatiente de l'orateur dont on veut reproduire le discours passe une foule de syllabes intermédiaires ou faibles, il faut encore que l'écrivain puisse se permettre quelques suppressions de convention, quelques abreviations intelligentes qui défient en célérité tout débit raisonnable, et qui soient cependant soumises à des règles générales telles que, tout le monde les connaissant, on puisse lire sans plus de peine que l'écrivain lui même.

Y a-t-il encore à ce sujet rien de plus simple que des abréviations de finales à l'aide d'une seule ligne transversale, dont la direction suffit seule à indiquer si le mot a dans la prononciation la terminaison d'un nom, pronom, ou adjectif, d'un verbe, ou d'un mot invariable?

Pour ces distinctions plus qu'élémentaires faut-il donc une science transcendante?

Faisons même observer qu'il suffirait dans bien des cas de la présence d'une ligne transversale, abstraction faite de son obliquité, pour pouvoir reconnaître, au premier abord et par le sens de la phrase, l'abréviation dont elle serait le signe.

Touchant les abréviations de mots entiers en un seul signe, chacun peut se faire tel vocabulaire qu'il jugera convenable. Mais, quelque rapidité que ce mode ajoute à celle de notre système général, il y aurait dans une foule de cas l'immense inconvénient de n'être que très rarement compris sans dictionnaire, et d'être exposé soi même en écrivant à se tromper de signe, ou à tâtonner faute d'un principe pour point d'appui.

A quoi bon d'ailleurs se donner tant de peine en présence de la simplicité des divers modes de notre système? Quel que soit celui des quatre que l'on adopte, il peut facilement tenir pied à l'oraison et se prêter à la représentation exacte des divisions linguistiques naturelles.

Une seule condition est exigée de l'écrivain, laquelle consiste à s'exercer pendant quelque temps et avec persistance au tracé des signes, tracé que du reste l'habitude rendra chaque jour un peu plus rapide, quelles que soient la position et la direction de ces signes.

De l'habitude naîtront d'ailleurs certains moyens tout particuliers de modifications relatives et raisonnables, auxquels on ne saurait penser d'avance dans un traité parce qu'ils sont en quelque sorte inhérents à la personne, et que l'on imprime à son écriture un cachet qui lui est propre et qui fait de la manière spéciale de chacun une sorte de type à part, bien que toutes les écritures d'un même genre se rapportent plus ou moins à un même modèle.

Qu'appelle-t-on, dans le monde, une écriture faite? Celle qui a en quelque sorte prescrit par l'habitude le droit de dénaturer les signes à sa guise, mais qui a aussi gagné quant à la rapidité du tracé autant qu'elle a perdu relativement à la régularité du dessin.

C'est surtout en sténographie qu'il faut faire la main à cette rapidité, laquelle ne vient certes pas tout d'un coup, mais qui se refuse rarement à récompenser un travail suivi.

Que l'on ne s'y trompe pourtant pas. Pour vouloir aller trop vite on va souvent fort mal. Si l'adage: *en tout ce que tu fais hâte-toi lentement*, doit être suivi, c'est surtout dans l'essai pratique d'un art. L'étudiant en sténographie doit donc aller d'abord lentement, afin d'apprendre à donner aux signes la même inclinaison, à les faire tous d'une hauteur proportionnelle, tant pour le corps du signe que pour les lignes de prolongement, en observant autant que possible la même force pour les pleins, la même légèreté pour les déliés, la même distance entre les lignes, sauf le blanc nécessaire à la séparation des mots et celui à donner ou à réserver à la ponctuation.

Dans le principe, en un mot, il vaut mieux aller bien qu'aller vite, afin de pouvoir plus tard aller vite et bien.

EXPOSÉ.

1er SYSTÈME :
la Phérographie.
2me SYSTÈME :
l'Hémigraphie.

3me SYSTÈME :
la Diographie.
4me SYSTÈME :
la Sydographie.

Avis essentiel.

Les personnes qui veulent parvenir bientôt à suivre la parole doivent, après avoir fait choix d'un système, parmi les quatre que nous donnons, et pour la théorie des quels une ou deux leçons sont plus que suffisantes en dehors des notions préliminaires, s'en tenir exclusivement à ce système dans leurs exercices pratiques. C'est le moyen de se le rendre plutôt familier, et d'éviter les hésitations de mémoire qui forment le plus grand obstacle à la rapidité des progrès.

On doit, en outre, une fois la pensée fixée sur la forme, l'élévation ou l'inclinaison du signe que l'on a à tracer, tâcher de le faire sans tâtonner et d'un seul jet. Quant au temps de la réflexion qui doit précéder le tracé de chaque signe, on comprend qu'assez long dans le principe il diminue petit à petit jusqu'à disparaître en quelque sorte tout à fait.

On doit aussi, toutes les fois qu'il y a lieu de porter la plume pour le tracé d'un signe plus élevé ou plus bas, le faire à l'aide de la seule articulation des doigts et sans port de la main, laquelle ne doit guère aller que dans le sens de la ligne d'écriture. Tout autre mouvement doit se faire sur place et n'avoir pour but que le développement des doigts.

EXPOSÉ DES QUATRE SYSTÈMES.

PREMIER SYSTÈME,

LA PHÉROGRAPHIE

OU ÉCRITURE PORTÉE.

Des caractères phérographiques.

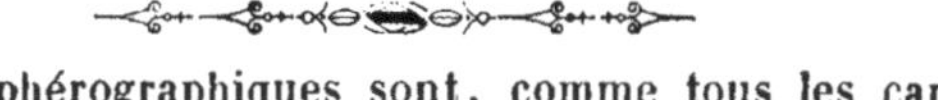

Les caractères phérographiques sont, comme tous les caractères de sténographie, formés de petites lignes droites, courbes ou mixtes, que l'on combine de manière à demander le moins possible de mouvement dans la main.

On les divise : savoir, en

1° Signes *principaux*, pour le tracé des lettres essentielles.

2° Signes *adjonctifs*, pour l'indication abrégée des lettres secondaires,

3° Signes *abréviatifs* de syllabes, pour la suppression de certaines lettres placées soit au milieu soit à la fin des mots.

4° Signes *particuliers*, pour l'indication exceptionnelle de certains mots par un seul signe.

5° Signes *complémentaires*, pour la ponctuation, la numération et les autres indications pouvant être plus ou moins utiles.

§ 1er. Des signes principaux.

Les signes principaux ont deux valeurs, bien distinctes quoique simultanées : l'une *arthrique* ou d'articulation ; l'autre *phthongue* ou de son.

La première, prise de la forme du signe, est absolue et invariable, c'est-à-dire, que, quelque signe que ce soit, considéré intrinsèquement, représente toujours la même articulation sinon les mêmes lettres.

La seconde, prise du degré d'élévation du signe sur une bande de trois ou deux lignes parallèles, dont nous parlerons bientôt, est relative et variable, c'est-à-dire, que tout signe, exprimant par sa forme une ou plusieurs articulations déterminées, exprime en outre, suivant sa position plus ou moins élevée, tel ou tel son déterminé, par quelques lettres qu'on l'indique dans l'écriture ordinaire.

VALEUR ARTHRIQUE.

Les tableaux qui suivent cet exposé donnent, pour premier exemple phérographique, la forme et la nomenclature des signes des articulations simples, les quels y sont divisés en signes d'articulations réelles et en signes négatifs d'articulations.

Signes attributifs d'articulation (1). — Les articulations réelles se bornent aux suivantes (les consonnes ou groupes de consonnes à articulations équivalentes se confondant avec elles) (2) : *r* (forte) *l* (faible); *n*, *m*; *t*, *d*; *f*, *v*; *s*, *z*; *ch*, *j*; *p*, *b*; *q*, *gh*; *-ill*, *-gn*. (3).

Un signe spécial est assigné à chaque articulation forte; le même signe prolongé, ou fait en sens inverse, donne la faible correspondante (v. Exemple premier, 1°).

Il y a donc 18 signes d'articulations réelles, ou plutôt 9 seulement mais comptant chacun pour deux.

Sur ces signes, inclinant tous plus ou moins à gauche, il faut distinguer ceux à ligne droite, ceux à ligne courbe, ceux enfin à ligne mixte.

La ligne droite est oblique ou horisontale: oblique pour *r*, *l*; horisontale pour *n*, *m*.

La ligne courbe est horisontale et un peu développée en largeur pour *t*, *d*; horisontale et rétrécie en fer à cheval pour *f*, *v*; verticale mi-oblique et en tiers de cercle pour *s*, *z*; et de même plus développée en hauteur pour *ch*, *j*.

La ligne mixte est une droite, terminée, savoir, par une courbe à droite pour *p*, *b*; par une courbe à gauche pour *q*, *gh*; ou par une sorte de boucle allongée pour *-ill* (*llieu*) et *-gn* (4).

Il est bon de faire observer que ces divers signes se tracent: savoir:

Ceux de *r*, *l*, de haut en bas ou de bas en haut;

Ceux de *n*, *m*, *t*, *d*, *f*, *v*, de gauche à droite;

Ceux de *p*, *gh*, de bas en haut;

Ceux enfin, de *s*, *z*, *ch*, *j*, *q*, *b*, *ill*, *gn*, de haut en bas.

Signes négatifs d'articulation. — Quant aux négations d'articulations, on les exprime toutes par un signe commun, formé d'une petite barre obliquant de gauche à droite; signe qui, bien que muet quant à l'articulation, n'en a pas moins, comme tous les autres, une valeur phthongue relative, c'est-à-dire, que, bien que n'exprimant aucune consonne, il exprime néanmoins toujours une voyelle (Voir, aux tableaux, l'exemple 1er, 2°). Mais quelle est cette voyelle, c'est ce que nous allons voir.

VALEUR PHTHONGUE.

La valeur phthongue relative des signes attributifs ou négatifs d'arti-

---

(1) Les signes affirmatifs d'articulation ne sont autre chose que des consonnes.

(2) Les consonnes redoublées, celles liées avec l'*h* muette, ainsi que la conjointe *ph* s'écrivent donc en phérographie comme les consonnes simples auxquelles elles correspondent pour l'articulaiion. Par la même raison, le *c* fort, le *k*, et le *ch*, non conjoint mais lié, s'écriront comme *q*; *c* doux comme *s*; *s* comme *z*; *g* doux comme *j*.

(3) L'*h* isolée ne saurait être admise parmi les articulations, puisqu'elle n'est jamais le signe d'aucune, alors même qu'elle est dite aspirée.

L'*x* n'a pas non plus de signe particulier, parce que sa valeur, du reste fort variable, correspond toujours à une ou à deux des articulations ci-dessus.

(4) Le tiret mis ici devant le double *l* mouillé et devant le *gn*, indique que ces deux articulations qui ne se trouvent qu'au milieu des mots, ne doivent pas se confondre avec les formes syllabiques initiales *il-l* et *gn* lié, comme dans *il-lustre*, *gnu-me*.

culation est celle du son, frappé ou non, sans lequel il n'y aurait pas de syllabe.

Ligne phérographique. — Cette valeur dépend du degré d'élévation de ces signes sur une ligne spéciale formée de trois lignes horisontales parallèles, que l'on peut réduire à deux en sous-entendant celle du milieu. (V. l'ex. 2, 1° et 2°).

On doit donc avoir son papier réglé d'avance, et il est bon de l'avoir réglé en rouge ou en gris pour que les signes ressortent mieux.

A défaut de papier réglé d'avance, on peut tracer les lignes à la main. Le moindre exercice permet de les faire avec une régularité suffisante, surtout si, comme dans l'exemple 2, l'on divise la page sur laquelle on a à écrire en plusieurs colonnes afin de n'avoir que des lignes plus courtes.

Quoi qu'il en soit, c'est sur cette espèce de bande à trois ou deux lignes que s'écrivent les caractères phérographiques, tantôt sur une ligne même, tantôt au dessus et au dessous de chacune d'elles.

Echelle phérographique. — Les signes peuvent donc se placer sur sept degrés différens, dont un au dessous de la ligne inférieure, un sur cette ligne, un immédiatement au dessus, un sur la ligne du milieu, ou à la place qu'elle est censée occuper lorsqu'elle n'est que sous-entendue, un immédiatement au dessous de la ligne d'en haut, un sur cette ligne, un enfin au dessus. (V. Ex. 3).

Sons simples non frappés. — L'exemple 4 donne les sons simples non frappés, lesquels sont :

sur le 7me degré . . . . . *a*	sur le 3me . . . . . *o* ou *au*
sur le 6me . . . . *è* ou *é*	sur le 2me . . . . *u*
sur le 5me . . . . *e* (*he*) ou *eu*	sur le 1er . . . . *ou*
sur le 4me . . . . *i*	

On remarque que tous ces sons (et il est inutile de rappeler qu'en parlant de ces sons, on parle aussi de leurs équivalents,) sont exprimés par un même signe dont la place seule varie suivant le son à donner.

Quant aux nuances plus ou moins délicates de tels ou tels sons, notamment quant à celles existantes entre les *o*, et surtout entre les *e*, on comprend que, dans une écriture abréviative, on ne doive en en tenir aucun compte. La sagacité du lecteur lui suffit d'autant mieux à cet égard que cette indication, qui serait fort inutile pour ceux qui savent, ne serait guères appréciée et peut-être nullement observée par ceux qui ne savent pas (1).

Par la même raison les voyelles à accent circonflexe c'est-à-dire, les longues, soit plus ouvertes (*â*, *ê*, *aî*), soit plus fermées (*ô*, *û*, *oû*, *eû*), sont aussi représentées par le même signe phérographique.

(1) Il serait sans doute bien facile d'exprimer un plus grand nombre de nuances de sons parlés, en ajoutant à la bande ou portée phérographique une, deux ou trois lignes parallèles ; mais la hauteur de la portée exige alors trop de développement dans le mouvement des doigts, et le nombre de lignes, trop d'attention pour le choix des sons, ce qui doit tout naturellement occasionner du retard. Dès l'instant qu'il ne s'agit que d'arriver a temps il faut toujours aller au plus court.

Il faut encore soumettre à ce même signe toutes les phthongues non frappées mixtes dont la consonne ne se prononce pas, car, pour la phérographie, tout son non entendu, toute articulation muette est comme n'existant pas.

Sons mixtes non frappés. — Les phthongues mixtes non frappées mais terminées par une ou plusieurs articulations sensibles, ou, pour parler le langage des écoles, les élémens voyelles non frappés terminés par une consonne articulée, prennent d'abord pour la voyelle le même signe phthongue négatif d'articulation que pour les voyelles pures, et, pour la consonne terminative, celui des dix-huit signes arthriques qui lui est assigné dans l'exemple 1er, et qu'on lie au signe phthongue (comme dans l'exemple 5), sans faire attention, en ce cas seulement, à la place qu'on lui donne dans la portée.

Quant au signe de la voyelle, il faut, au contraire, bien faire attention de le placer comme il faut sur la ligne ou l'interligne du son donné. Il y a même lieu de remarquer que la phthongue mixte imparfaite *un* s'écrit dans l'interligne de la voyelle *eu* et non sur la ligne de l'*u*, par cette raison qu'il faut toujours consulter l'oreille et jamais l'orthographe ordinaire. De même *in* s'écrit sur la ligne de *è* et non sur celle de *i*, si ce n'est lorsque l'*i* doit conserver le son qui lui est propre. Ainsi, dans le mot *imprévu* la syllabe *im* s'écrit sur la ligne de *è*, et dans *intérim* ou dans *im-mortalité*, sur la ligne de *i*. Par suite du même principe, *er*, par exemple, s'écrit sur la ligne de *è* et non sur celle de *e* (*he*).

Sons simples frappés. — Quand le son est frappé par une articulation initiale, on n'écrit que le signe de celle-ci, en ayant soin de la placer exactement sur le degré d'élévation du son simple que l'on veut indiquer. De la sorte, dans les syllabes frappées, on épargne un signe sur deux (V. Ex 7).

Afin que la lecture ne souffre à cet effet aucune difficulté, afin qu'elle ne tâtonne en aucune sorte sur le son sous-entendu, il faut distinguer le corps du signe d'avec la ligne du prolongement qu'il a dans certains cas. C'est ce corps qui détermine la place du son.

Pour les signes à ligne droite, c'est la partie inférieure jusqu'à concurrence d'un *c*; pour ceux à ligne courbe, c'est leur hauteur tout entière, sauf pour *ch* dont la place s'indique par le bas, et pour *j* dont elle s'indique par le haut, toujours dans la proportion d'un petit *c*; enfin pour ceux à ligne mixte, c'est la courbe qu'il faut consulter pour *p*, *b*, *q* et *gh*, tandis au contraire que pour *-ill -gn* c'est l'extrémité droite, savoir, celle inférieure pour *ill*, et celle supérieure pour *gn*.

Sons mixtes frappés. — Quand la syllabe commence et finit par une articulation, on lie les deux articulations l'une à l'autre, et l'on sous-entend entre elles le son qu'indique la place du premier signe (V. l'ex. 7).

Quant au signe de l'articulation terminative, on sait déjà que sa place importe peu, puisque cette articulation ne frappe aucune voyelle.

Il n'y a même, en phérographie, aucune distinction à faire entre les consonnes terminatives imparfaites et celles parfaites, c'est-à-dire, entre celles qui, comme dans *an*, *in*, *on*, *un*, ne font entendre que le prélude nasal de leur articulation ordinaire, et celles qui, comme dans *im-mortel* font entendre leur articulation presque aussi parfaite que si elles frappaient un *e* non accentué faible. Parfaites ou imparfaites, elles s'indiquent toujours par le même signe. Le lecteur ne peut se tromper à cet égard, et se tromperait-il, ce serait d'une bien minime importance pour l'intelligenc du morceau. Une prononciation plus ou moins gasconne, normande ou bretonne, n'empêcherait pas de saisir le sens de la phrase.

C'est même cette considération qui, dans l'échelle des sons phérographiques, nous a fait classer sous un même signe les *è* ouverts avec les *é* fermés, le son *eu* fort avec *e* (*he*) faible, l'*o* ordinaire avec l'*au* conjoint, enfin les voyelles longues avec les voyelles brèves. Nous le rappelons ici afin que l'on ne perde pas de vue ce principe qu'en sténographie il ne s'agit pas d'exactitude grammaticale, mais de reproduction suffisamment intelligible, d'ailleurs excessivement rapide, et par conséquent réduite aux formes les plus abréviatives possibles. Il y a ici question de temps et non de principes, il s'agit d'arriver. Le discours écrit fera plus tard sa toilette grammaticale.

§ 2. Des signes adjonctifs.

Il y a deux sortes de signes adjonctifs. Les uns *arthriques*, les autres *phthongues*.

1° DES SIGNES ADJONCTIFS ARTHRIQUES.

Ce sont ceux destinés à compléter la désignation des polyarthriques ou élémens à plusieurs articulations dans une même pulsation.

On en distingue quatre :

1° *La boucle finale simple* pour le *r* final des diarthriques : *tr*, *dr*, *fr* ou *phr*, *vr*, *pr*, *br*, *cr* ou *chr* et *gr* (V. Ex. 8. 1°).

2° *La boucle finale à queue* pour le *l* final des diarthriques : *fl* ou *phl*, *pl*, *bl*, *cl* ou *chl* et *gl*. (V. Ex. 8. 2°).

3° *Le crochet initial* ou fragment de boucle pour les liées avec un *s* à gauche : *sr*, *sl*, *sn*, *sm*, *st*, *sd*, *sph*, *sv*, *sp*, *sb*, *sq* et *sg* devant une voyelle autre qu'un *e* ou un *i*. (V. Ex. 8. 3°).

4° *La boucle médiale* ou *intermédiaire*, celle qu'on place entre deux signes principaux liés ensemble, pour les consonnes liées diverses : *x* pour *qs* ou *gz*, *gn* pour *ghn*, *mn*, *pn*, *ps*, *pt*, *phth*, etc (V. l'Ex. 8. 4°).

5° *Le crochet* et *la boucle réunis* pour les triarthriques : *scr*, *spl* etc.

2° DES SIGNES ADJONCTIFS PHTHONGUES.

Ce sont ceux destinés à compléter la désignation des poliphthongues ou élémens à plusieurs sons dans une même émission.

Il y en a autant que de sons simples, par cette raison que chacun de ces sons peut être avant ou après un autre.

Ces signes adjonctifs, que donne l'exemple 9, sont :

Pour *a*, un accent aigu ;

Pour *è* ou *é*, un accent grave ;

Pour *e* (*he*) ou *eu*, un petit rond ;

Pour *i*, un point simple ;

Pour *o*, deux points horisontaux ou un accent horisontal ;

Pour *u*, deux points verticaux ou un accent vertical ;

Pour *ou*, une petite courbe horisontale.

Ces signes secondaires se placent tantôt dessus, tantôt dessous les signes principaux.

Placés dessus, ils indiquent que le son qu'ils représentent commence la diphthongue, c'est-à-dire, qu'il est placé avant celui qu'indique le degré d'élévation du signe principal, ainsi que, par exemple, pour l'*i* dans *ia*, *iai*, *iau*, *iou*, et pour *ou* dans *oui*, *ouai*. (V. Ex. 9. 1°).

Placés dessous, ils indiquent au contraire que le son par eux désigné termine la diphthongue, c'est-à-dire, que le son du signe principal est censé le précéder dans l'émission vocale, ainsi que, par exemple, pour l'*i* dans *ui*, *oui*, *ey*, et pour l'*ou* dans *iou*, *aou* (V. Ex. 9. 2°).

Le disjointes s'écrivent de même que les liées. Ainsi les disjointes *a-ï*, *o-ï*, *é-i* prennent un point au dessous pour l'*i*, et les dijointes *a-ü*, *o-ü*, *é-u* deux points verticaux ou un accent droit, aussi au dessous, pour l'*u*.

Dans les triphthongues, si nous en avions, on écrirait un signe adjonctif dessus et un autre dessous. Ainsi le mot patois *iéou*, qui signifie *moi*, s'écrirait sur la ligne de l'*é* avec un point dessus et une petite courbe horisontale au dessous.

L'exemple 10 est une application des signes adjonctifs arthriques ; et l'exemple 11, des signes adjonctifs phthongues, dans les syllabes frappées, 1° à sons purs, 2° à sons mixtes.

§ 3. Des signes abréviatifs de syllabes.

Les abréviations de syllabes sont de deux sortes : *médiales* et *finales* ; c'est-à-dire, relatives à des syllabes placées au milieu ou à la fin des mots.

1° DES ABRÉVIATIONS MÉDIALES.

Les abréviations médiales n'ont aucun signe particulier. Elles naissent de certaines conditions de contact syllabique.

Abréviations par suppression de voyelles. — Nous avons déjà vu, que, par suite de cette règle qui veut qu'il n'y ait aucune syllabe sans valeur phthongue, tout signe arthrique, simple ou composé, dès l'instant qu'il commence une syllabe, est censé frapper le son indiqué par sa ligne. L'exemple 6 nous a donné l'application de cette régle qui dispense de signe phthongue spécial toute syllabe frappée, et qui est si importante que le nombre des lettres de ce tableau en est réduit de moitié.

De cette règle nous avons vu découler celle-ci que, lorsque deux signes arthriques se tiennent sans boucle de liaison intermédiaire, on doit sous-entendre entre les deux le son de la ligne du premier. Ce son se trouve ainsi frappé par ce premier signe et fait phthongue mixte avec le second, qui reste, lui, sans frappement aucun, quelque place qu'il occupe (Ex. 7).

Lorsqu'au lieu de deux signes consonnes il y en a trois, quatre ou davantage, liés ensemble, la voyelle est toujours censée écrite après le premier, lequel est simple quand il ne porte ni boucle ni crochet, et lié quand il en porte un. Les autres n'en frappent aucune, si ce n'est parfois l'*e* non accentué égal a *he*; quand, par exemple, on veut lier ensemble plusieurs syllabes dont cet *e* est la voyelle, soit que ces syllabes appartiennent à un même mot, comme dans *redevenir*, soit qu'elles appartiennent à des mots différens, comme dans *je te le redemanderai*. (Ex. 12).

Si même, le cas arrivant, on ne craint pas de supprimer certaines voyelles, parce qu'on les suppose devoir être rétablies sans trop de difficulté par l'intelligence du lecteur, on peut n'avoir besoin que d'un seul trait de plume, ou de deux tout au plus, pour des mots entiers, si ce n'est même pour des groupes de mots (V. Ex. 13).

On peut rappeler ici pour mémoire la suppression de certaines voyelles dans le remplacement de l'orthographe ordinaire par l'orthographe de son, où, par exemple, *eau*, *œu*, *eai* se confondent avec *o*, *e* (*he*), *è* (V. Ex. 14).

Abréviations par suppression de consonnes. — On rappelle encore ici que, la phérographie n'admettant que l'orthographe de son, toute lettre non entendue se supprime de droit, telle que l'*h* muette, même alors qu'elle est dite aspirée, ou qu'elle concourt à former une conjointe, comme dans *hôpital*, *héros*, *rhétorique*, *théâtre*, *écho*, *chronologie*; et même dans *charité*, *philosophie*, etc., où l'*h* est muette quoique modificative de l'articulation (V. Ex. 15); — telle aussi qu'une consonne redoublée, quand les deux consonnes semblables qui se suivent ne comptent que pour une, comme dans *promesse*, *abbé*, *pomme* (V. Ex. 16); — telle encore qu'une consonne terminative non sensible, comme dans *baptême*, *muet*, *meaux*, *puits*, *horlogers*, *travaillaient* (V. Ex. 17).

Mais, autant sont naturelles et profitables pour la clarté toutes ces suppressions de lettres inentendues, suppressions qui ne sont au fond que des simplifications orthographiques, autant sont fâcheuses celles de lettres sensibles, celles notamment de consonnes placées en tête d'une syllabe; car, supprimer la consonne, c'est, en ce cas, supprimer la syllabe entière, puisque la voyelle des syllabes frappées ne se reconnait qu'au degré d'élévation du signe arthrique; or, supprimer une syllabe dans le corps d'un mot, c'est s'exposer à rendre celui-ci méconnaissable.

Ajoutons cependant que, faites avec intelligence et peu souvent renouvelées, ces sortes de suppressions peuvent aider à suivre avec succès, et sans trop de difficulté pour la lecture, un orateur parfois assez véhément pour justifier ce moyen très exceptionnel (V. Ex. 18).

2° DES ABRÉVIATIONS DE FINALES.

Elisions. — Nous n'avons rien à dire sur l'élision de l'*e* non accentué terminatif, faible ou muet, si ce n'est qu'elle rentre dans la règle générale de l'orthographe de son. Cet *e* disparait donc par absorption, par suite de la réunion de la consonne qui le frappait à la voyelle initiale du mot suivant, ce qui de deux mots n'en forme qu'un seul. (Ex. 19).

L'apostrophe n'étant elle même qu'un signe d'élision se supprime donc tout naturellement dans notre système. (V. Ex. 20).

Liaisons. — De deux mots, dont l'un finit par une consonne et dont le suivant commence par une voyelle, on peut aussi n'en faire qu'un seul, en détachant la consonne finale du premier mot pour la placer sur la ligne de la voyelle initiale du second dont on épargne ainsi le signe (21).

Les exemples 12 et 13 ci-dessus, relatifs aux abréviations médiales, s'appliquent aussi, on l'a vu, aux abréviations finales, à cause de la liaison qu'ils permettent de faire de plusieurs mots sans lever la plume.

Jusques là tout rentre dans la règle générale, mais voici des règles particulières qui demandent quelque attention et qui peuvent être d'un très utile secours.

Abréviations par signes spéciaux. — Elles sont relatives aux suppressions de certaines syllabes terminatives de mots.

La plupart des traités sur la matière donnent à cet égard des nomenclatures de signes telles et des combinaisons si multipliées que la mémoire vient souvent à faillir au moment d'écrire, ce qui, obligeant la plume à s'arrêter, est pire que si on écrivait le mot entier.

Ce désagrément est pourtant bien facile à éviter, puisque l'on n'a à faire que ce que l'on fait quelquefois dans l'écriture ordinaire, où l'on remplace la finale du mot par une ligne *droite transversale*.

Dans la phérographie, cette ligne transversale est : — *Oblique à gauche* pour les noms, les pronoms et les adjectifs ; — *Verticale* pour les verbes ; — *Oblique à droite* pour les mots invariables (V. Ex. 22).

La *transversale* finale *oblique à gauche* reste telle quelle pour les noms.

Elle peut prendre une boucle à droite pour les adjectifs, et une à gauche pour les pronoms, bien que ceux-ci aient fort peu besoin de cette sorte d'abréviations.

Si on tenait à marquer le pluriel (soin à peu près toujours inutile), on ajouterait à la ligne ou à la boucle terminative un léger prolongement horisontal ou oblique. (V. Ex. 22, 1°).

La *transversale verticale*, signe général des terminaisons de verbes, peut se couper par une petite barre qui indique le mode et le temps de la manière la plus simple.

Pour le *mode*, cette petite barre, indicule ou sécante, est : — *Horisontale* pour *l'indicatif* ; — *Oblique à droite* pour le *conditionnel* ; — *Oblique à gauche* pour le *subjonctif* et pour *l'impératif*, lequel n'est qu'un subjonctif abrégé (et ordinairement réduit, par l'ordre, le désir ou la crainte, à la forme du présent).

Pour le *temps* cette sécante est placée : — dans le bas de la ligne verticale pour le *passé*; - dans le milieu pour le *présent*; - dans le haut pour le *futur*.

Ainsi la sécante horisontale médiaire marque l'indicatif présent ; l'inférieure, l'indicatif passé ; la supérieure, l'indicatif futur.

Au conditionnel la sécante est à peu près inutile, ce mode n'étant jamais employé qu'au présent pour les temps simples, les seuls dont on ait à s'occuper en sténographie.

Quant au passé de l'indicatif, comme comme il se divise en *parfait* et *imparfait*, on peut terminer la sécante (si on a quelque raison d'y tenir) par une petite courbe à droite, en haut pour le parfait, en bas pour l'imparfait.

On pourrait aussi (mais seulement dans un cas d'exigence) distinguer le singulier du pluriel par une petite courbe à gauche, tournée en bas pour le premier de ces nombres, et en haut pour le dernier.

L'exemple 22, 2°. donne le tableau et l'application pratique des abréviations de verbes ci-dessus indiquées.

Il montre en outre la verticale prenant aussi, dans les participes, un indicule vertical, à droite pour le singulier et à gauche pour le pluriel.

Dans les mots invariables, la *transversale oblique à droite* reste telle quelle pour les adverbes.

Elle peut prendre un point à droite pour les autres mots invariables, savoir, dans le bas, pour une préposition, dans le milieu pour une conjonction, et dans le haut pour une interjection (V. Ex. 22. 3°).

Si, au moment d'écrire, la mémoire vient à chanceler, malgré la simplicité et le petit nombre des règles ci-dessus pour les indications de détails, on doit se contenter de la ligne transversale verticale ou oblique.

Encor même, le défaut de verticalité ou d'obliquité ne serait-il souvent pas un obstacle à l'intelligence du mot, le restant de la phrase pouvant aider à en saisir le sens.

Cette faculté de changer la direction de la ligne finale abréviative permet de lier cette ligne au dernier signe écrit du mot que l'on veut abréger, sans confusion avec celui-ci.

Observons encore que, dans la phérographie, les abréviations spéciales de finales peuvent être peu nombreuses, à cause de la suppression obligée de la voyelle dans toutes les syllabes frappées, ce qui fait que l'abréviation se trouve souvent faite d'elle même.

§ 4. Des signes particuliers d'abréviations

pour l'indication de certains mots par un seul signe.

Ces sortes d'abréviations donnent sans doute une grande rapidité à la reproduction du discours, mais comme elles ne peuvent être que spéciales ou même individuelles pour chaque mot, la liste ne saurait en être nombreuse sans devenir difficile sinon même impossible à retenir.

Voilà pourquoi nous nous bornerons à quelques exemples, laissant à chacun la liberté de se faire telles abréviations de cette nature qu'il pourra juger convenables, mais à la charge de faire connaître ces nouvelles indications à ses lecteurs, s'il ne veut rester d'autant plus incompris qu'il s'éloignera davantage de l'analogie dans la forme des signes (**Ex. 23**).

C'est surtout quand on a à reproduire certains mots techniques, par fois fort longs et devant être souvent répétés par suite de la spécialité de la matière, qu'on doit user de ces sortes d'abréviations.

Hors de ces circonstances exceptionnelles, nous le répéterons à satiété, toutes ces abréviations sont, la plupart du temps, non seulement inutiles, en présence des conditions plus que suffisantes de rapidité que notre sytème garantit à l'habitude, mais très nuisibles à la clarté. La lecture ne peut qu'en souffrir beaucoup, tandis que l'écriture, renfermée dans les conditions générales de notre sytème, devient, pour ainsi dire, plus facile à lire que l'écriture ordinaire.

Un mode d'abréviation fort simple consiste à laisser du blanc pour les mots pouvant facilement être suppléés dans la lecture.

Une longue ligne horisontale ou un tremblé peuvent aussi venir en aide pour signaler des répétitions de mots ou de membres de phrases.

Or, pour toutes ces choses là, il ne faut qu'un peu d'expérience, et c'est dans une pratique opiniâtre que cette expérience prend naissance et se développe avec fruit.

§ 5. Des signes complémentaires

pour la ponctuation, la numération et les autres indications utiles.

Ponctuation. — La ponctuation doit varier suivant le mode d'écriture. Dans la phérographie, elle est fort simple.

Une petite ligne verticale extérieure, de la hauteur du corps d'une lettre ou d'une hauteur double, suffit à indiquer : savoir, — La verticale simple, placée au dessous de la ligne triple, une virgule; — La verticale plus longue, un point; — La verticale simple, placée au dessus, un point virgule; — La verticale longue, deux points. — Un point ajouté à celle de dessous marque l'admiration, et, ajouté à celle de dessus, l'interrogation (Ex. 24).

Une verticale double peut servir à marquer les alinéas.

A la rigueur on peut se dispenser de ponctuer, autrement que par des blancs plus ou moins grands laissés entre les mots (Ex. 25).

Majuscules. — On n'a pour les majuscules qu'à forcer le trait des lettres ordinaires (V. Ex. 25).

Numération. — Bien que les chiffres arabes soient des signes déjà très abréviatifs, on peut en simplifier la forme ainsi que dans l'ex. 26.

Quant aux combinaisons admirables dont ils sont l'objet, il serait aussi téméraire qu'inutile d'y toucher.

Indications diverses. — Il serait ici difficile de donner des exemples pour tous les cas. Aussi bien nous bornerons nous à faire remarquer que les signes d'abréviations de cette nature varient suivant la spécialité de l'art, de la science, de la matière, en un mot, fesant l'objet du discours. Chaque art, chaque science, notamment dans les mathématiques, ayant son vocabulaire spécial d'abréviations, on n'a qu'à le consulter, sans qu'il soit nécessaire de donner ici des signes que nous ne tenons d'ailleurs pas pour nécessaires.

Récapitulation des signes sur une ligne double.

On écrit sur une ligne double comme si elle était triple, en sous-entendant une ligne entre les deux qui sont tracées. Le nombre des degrés phthongues y est donc de sept comme sur la portée à trois lignes (Ex. 27).

L'Ex. 28 termine par l'application de ce mode d'écriture phérographique.

OBSERVATIONS PHÉROGRAPHIQUES

SUPPLÉMENTAIRES.

Nous ne saurions mieux terminer notre travail sur la phérographie qu'en rassurant les étudiants sur la prétendue perte de temps que semble devoir occasionner le port de la plume d'une ligne sur l'autre.

Qu'ils se rassurent. Toute la difficulté consiste à ne pas hésiter quant à la place à donner au signe, non plus que quant au mode de son tracé. Le reste n'est rien.

Or, toute hésitation disparait après un certain temps d'exercices bien dirigés. Copier tous les signes consonnes sur toutes les positions voyelles, s'habituer aux diarthriques comme aux diphthongues, bien distinguer l'orthographe de son de l'orthographe ordinaire, qu'il faut entièrement laisser de coté dans toute écriture abréviative, copier des morceaux, écrire sous une dictée très-lente le premier jour, un peu moins lente le second, et ainsi de suite jusqu'à ce que la rapidité désirée ne soit plus qu'un jeu pour la main, voilà ce qu'il faut faire de toute nécessité.

Dans toute étude, comme le dit J. J. Rousseau en parlant de l'éducation en général, la plus grande faute que l'on puisse commettre c'est de trop se presser. Qu'on n'espère donc pas phérographier, ni sténographier dans quelque système que ce soit, à la simple lecture des signes, ni dès l'intelligence acquise de leurs combinaisons. Sans pratique aucune la simplicité même de notre théorie ne préserverait pas d'un insuccès.

Dans les arts c'est sans doute beaucoup que de savoir comment faire une chose, et les procédés d'action y sont toujours à étudier avant tout; mais qu'est-ce qu'un procédé sans l'habitude de son application? Je sais bien, par exemple, comment il faut m'y prendre pour tailler une plume convenablement, et certes c'est assez facile, mais la non habitude ou plutôt une habitude vicieuse fait que je taille toujours fort mal la mienne. Et puis, il faut bien le dire, tel a pour une chose plus d'aptitude que tel autre, la main de celui-ci est bien plutôt agile que la main de celui-là; l'âge, le tempérament, le goût, la volonté, tout influe.

Mais là n'est pas la question. Nous devons supposer que toutes les personnes qui honoreront de quelque étude notre système d'écriture phérographique sont également aptes à tracer, avec plus ou moins d'exactitude et de rapidité, quelques petits traits, droits ou courbes, au dessus ou au dessous d'une ou de plusieurs lignes parallèles. Voilà, en définitive, tout le travail de la main, même pour les signes composés, qui exigent sans doute autant de mouvemens que d'élémens partiels, mais qui n'en sont pas moins donnés d'un seul trait de plume fort peu compliqué et ne demandant jamais plus de temps que la prononciation, quand elle est nette et correcte.

Reste donc le port de la main, et remarquons que ce n'est pas même de la main, mais des doigts seulement.

Or, n'est-il pas vrai que, dans toute écriture, à lettres liées ou non, il faut toujours porter les doigts de la terminaison d'un signe au commencement du signe suivant? Dans l'écriture ordinaire, par exemple, où les liaisons abondent, voyez combien de fois il faut porter la main et à quelle distance, tantôt pour aller d'un *q* à un *l*, d'un *t* à un *ch*, tantôt pour un point, une apostrophe, un accent, etc.

Le port est donc de droit. Mais le port sans liaison prend-il donc plus de temps que le port avec liaison? Le port sans tracé est-il plus long à faire qu'avec un tracé? Nous n'hésitons pas à répondre que non; car dans le cas de la liaison, il faut, pour la faire convenablement, un temps certainement aussi long que celui que peut exiger, dans le cas de non liaison, l'élévation en quelque sorte insignifiante des doigts au dessus du papier.

Le port n'est-il pas du moins plus difficile à faire sur une ligne double ou triple que sur une ligne simple? Oui, certainement, si on manque d'habitude, mais nullement dans le cas contraire; car la plupart du temps il ne faut pas aux mouvemens des doigts plus d'ampleur qu'il n'en faut de fait sur une seule ligne. La ligne triple ou double veut, il est vrai, plus d'attention, plus de mémoire quant à diverses divisions sonores, mais non pas plus de dextérité dans la main, puisque le tracé est absolument le même là que là.

Mais. outre que, dans la phérographie, le port de la plume n'ajoute pas plus au temps du tracé des signes que dans quelque autre systéme que ce soit, il faut d'abord faire attention que, dans une foule de cas, les syllabes à *e* non accentué, faible ou fort, se lient toutes de manière à n'exiger qu'un seul trait de plume pour un groupe de quelquefois cinq ou six syllabes consécutives.

Et puis, à mesure de l'habitude, chacun se crée des modes spéciaux de tracé, des liaisons toutes particulières, des abréviations, aux quelles, ainsi que nous l'avons déjà dit dans nos observations préliminaires, on ne peut d'avance penser, parce qu'elles tiennent en quelque sorte à la personne et à la manière dont on a fait sa main aux exigences du tracé et à la rapidité des agglomérations de signes.

Ces sortes de modifications relatives et d'ailleurs raisonnables viennent si bien d'elles mêmes peu à peu que nous avons besoin de recommander ici de n'en chercher aucune dans le principe. Faire bien les signes et les placer où il faut, voilà le double but à atteindre d'abord, abstraction faite du temps pour y parvenir; temps, nous ne cesserons de le répéter, que l'habitude de l'application du système peut seule abréger.

Une dernière et puissante considération doit convaincre ceux qui pourraient garder quelque crainte au sujet du port de la plume d'une ligne sur l'autre. Dès l'instant que le degré d'élévation du signe de l'articulation suffit seul pour indiquer tel ou tel son frappé sans qu'on ait besoin de tracer aucun signe phthongue, autrement dit, aucune voyelle, il y a une si évidente économie de temps qu'il n'est guères possible d'en faire de plus considérable, en dehors de la suppression totale de certaines syllabes.

Et ceci nous fournit l'occasion de montrer par un calcul mathématique tout ce que la phérographie peut gagner sur l'écriture ordinaire, sans compter même cette possibilité de suppression de syllabes et parfois de mots entiers.

Pour cela, admettons à priori que l'écrivain phérographe ait acquis dans son art la même habitude qu'un scribe ordinaire dans l'écriture usuelle, ce qui, soit dit en passant, est bien autrement facile, et demande un temps incomparablement plus court, par suite de la simplification des signes et des règles relatives à leurs combinaisons orthographiques.

Cela admis, et ne comptant que le temps voulu pour le tracé des signes, sans nous occuper de celui que peut prendre la réflexion nécessaire dans les commencemens, prenons au hasard, la fable XI du troisième livre des fables de Lafontaine, intitulée : *le renard et les raisins.*

Ce morceau se compose :

1° de cent cinquante et une consonnes, ci.	151
2° de cent onze voyelles, ci.	111
3° de cinquante signes auxiliaires (non compris ceux de ponctuation), signes auxilaires qui, pris l'un dans l'autre, ne comptent guère chacun que pour un quart de lettre, soit douze au lieu de cinquante.	12
Total :	274

Or, la phérographie supprime :

1° Sur 151 consonnes.	37	230
2° Sur 111 voyelles.	107	
3° Pour prorata de signes adjonctifs sur 9 diarthiques et 3 diphthongues, soit les 3/4 de 12.	9	
4° Pour la totalité des signes auxiliaires ci-dessus évalués à douze.	12	
5° Pour différence dans la forme des lettres restant à reproduire, soit environ les trois cinquièmes de 109.	65	
Reste :		44

Soit $\frac{44}{274} : 44 = \frac{1}{6\ 1/4}$ c'est à dire, que ce qui, en écriture ordinaire prendrait six minutes et un quart, ne demande, en phérographie, qu'une minute seulement.

Encore, ainsi que nous l'avons fait observer, ne comprenons-nous dans ce compte aucune abréviation de finales, la fable, par nous prise au hasard, ne s'y prêtant pas.

Ainsi donc, dans certains autres morceaux, ces sortes d'abréviations pourraient réduire bien davantage le nombre des lettres à tracer, et porter le temps gagné jusques à plus de sept minutes sur huit ; proportion déjà exorbitante, qui pourrait même s'augmenter dans les matières où l'on aurait occasion d'employer des abréviations de mots entiers plus ou moins souvent répétées.

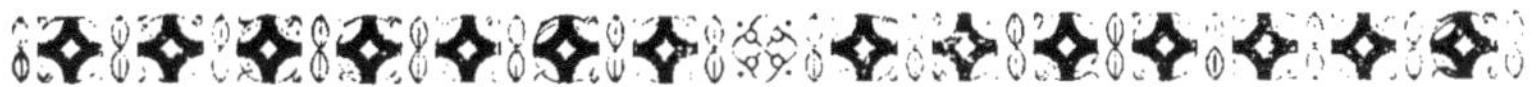

DEUXIÈME SYSTÈME

L'HÉMIGRAPHIE

OU MI-ÉCRITURE.

Exposé du système.

L'hémigraphie, qui tire son nom de cela qu'elle emploie, comme la phérographie, plus de la moitié moins de signes que l'écriture ordinaire, comme la phérographie aussi, n'a besoin d'aucun signe pour les voyelles frappées.

On pourrait même dire que c'est la phérographie réduite à une seule ligne, s'il n'y avait entre ces deux sortes d'écriture abréviative de notables différences.

Dans la phérographie, en effet, les signes ont sept degrés d'élévation sur trois ou deux lignes. Dans l'hémigraphie ils n'en ont que trois sur une seule ligne.

Dans la phérographie, l'inclinaison des signes, une fois connue, est invariable. Dans l'hémigraphie, au contraire, il y a lieu de distinguer, non seulement si les signes sont placés au dessus, au milieu, ou au dessous de la ligne tracée, mais encore s'ils sont ou non inclinés, et de quel côté ils le sont; ce qui est très essentiel.

Il résulte de cette variabilité d'inclinaison la nécessité d'une modification dans quelques uns des signes principaux. L'exemple 29 donne ces signes tels qu'ils doivent être adoptés pour ce genre d'écriture. — L'exemple 30 donne les syllabes frappées. — Enfin l'exemple 31 donne les combinaisons avec les signes adjonctifs, lesquels sont les mêmes dans les deux systèmes.

Il est bon de remarquer que, dans les groupes de signes liés entre eux sans boucle intermédiaire, il n'y a à considérer l'inclinaison que pour le premier signe arthrique, les autres signes étant censés être sans frappement ou frapper tout au plus un *e* non accentué plus ou moins faible (V. Ex. 31).

Quant aux signes abréviatifs de syllabes ou de mots et aux signes complémentaires, ils peuvent rester absolument les mêmes que dans la phérographie, sauf pour la ponctuation, où il vaut mieux employer au besoin les signes ordinaires, si l'on ne préfère menager des blancs proportionnés à l'importance des repos à indiquer.

L'exemple 32 donne un spécimen d'écriture phérographique.

Observations supplémentaires.

Les observations, que nous avons présentées, à la suite de la phérographie, relativement au port de la plume et au calcul du temps gagné sur l'écriture ordinaire, s'appliquant toutes à l'hémigraphie, nous n'avons qu'à y renvoyer l'étudiant.

On pourra même remarquer que l'hémigraphie est, plus que la phérographie, favorable au calcul donné, le port des doigts s'opérant sur une seule ligne au lieu de se faire sur plusieurs.

Mais, qu'on ne s'y trompe pas, l'hémigraphie demande peut être encore plus d'exercice que la phérographie pour arriver à bien faire. La position des signes et l'inclinaison y doivent constamment préoccuper l'écrivain.

TROISIÈME SYSTÈME,

LA DIOGRAPHIE

OU ÉCRITURE A SIGNES CONTRACTÉS.

Exposé du système.

La diographie a, à son tour, une physionomie toute particulière.

La désignation de la voyelle n'y dépend ni du degré d'élévation ni de l'inclinaison des signes, comme dans la phérographie ou l'hémigraphie déjà vues, ni même d'aucune indication auxiliaire extérieure, comme dans la sydographie ci-après, mais de la manière dont le signe même de la consonne, toujours placé au dessus d'une ligne tracée d'avance, se termine au dessous de cette même ligne.

L'ex. 33 donne la partie supérieure des signes, celle exprimant la valeur arthrique ou consonne; et l'ex. 34, la partie inférieure exprimant la valeur phthongue ou voyelle.

Dans les syllabes frappées, ces deux parties se réunissent de manière à ne faire qu'un signe, à l'effet de quoi la partie voyelle prend toujours la même inclinaison que la consonne dont elle n'est que la continuation (V. Ex. 35).

Ainsi, l'inclinaison de la consonne étant invariable et d'ailleurs essentielle à la détermination de sa valeur, tandis, au contraire, que celle de la voyelle varie sans que sa valeur en soit modifiée en rien, à cause de la direction de la consonne qu'il est bon de suivre pour rendre l'ensemble du signe plus facile et plus rapide à tracer, il en résulte qu'en lisant il faut toujours faire attention à l'inclinaison de la consonne, et jamais à celle de la voyelle, dont la terminaison est seule à considérer (1).

Pour les polyarthriques, c'est-à-dire, pour la partie consonne composée de plusieurs articulations, voici comment on l'indique.

Les liées avec *r* ou *l* prennent une boucle sur la ligne d'intersection; à droite pour *r*, à gauche pour *l* (V. Ex. 26, 1° et 2°).

Les liées avec *s* initial prennent un crochet ou demi boucle en tête de la consonne (V. Ex. 26, 3°).

Quant aux liées diverses, on n'a qu'à lier les consonnes au dessus de la ligne de manière à ce que la voyelle par elles frappée puisse se

---

(1) Pour s'habituer dès les commencemens à donner aux signes des proportions exactes, il est bon d'écrire sur une portée de cinq lignes, en considérant celle du milieu comme la véritable ligne d'écriture, et les autres comme de simples guides pour la hauteur ou double hauteur des signes.

tracer en terminant la seconde consonne (V. Ex. 36, 4°).

Pour les diphthongues on se sert de la même accentuation adjonctive que celle de la phérographie (V. Ex. 37).

Dans les phthongues mixtes c'est-à-dire dans les syllabes où la voyelle est suivie d'une consonne, on écrit cette consonne en la liant à la partie inférieure de la voyelle. De la sorte placée, elle est toujours censée être sans frappement ou ne frapper tout au plus que le son sourd *e* (*he*), quelque place qu'elle occupe. Le *n* et le *m* peuvent prendre en ce cas la forme horisontale (V. Ex. 38).

Il faut remarquer, en ce même cas, que c'est toujours de haut en bas qu'il faut prendre le signe, quelque inclinaison qu'il ait.

Les règles relatives aux abréviations ne peuvent qu'être les mêmes que dans les systèmes précédens, quoique les circonstances de leur application puissent varier. Aussi bien n'en parlerons nous pas, non plus que des liaisons de syllabes, quoiqu'elles demandent de la part de l'écrivain un certain discernement pour ne pas laisser le lecteur dans l'indecision de la voyelle. Nous donnerons seulement un spécimen d'écriture diographique, lequel sera suffisant pour donner une idée de l'application pratique de ce système (V. Ex 39).

Observations supplémentaires.

Le calcul du temps gagné sur l'écriture ordinaire donne-t-il, étant appliqué à la diographie, la même proportion que dans la phérographie et l'hémigraphie, nous craignons d'autant moins de répondre affirmativement que les signes de la diographie, pour être arthriphthongues (consonne et voyelle à la fois), ne sont pas plus longs à faire que ceux simplement arthriques de nos deux premiers systèmes; tout diographe un peu exercé pouvant d'ailleurs en réduire les proportions en écrivant très fin.

Profitons toutefois de cette observation pour recommander de ne jamais oublier, dans aucun de nos systèmes, de conserver aussi exactes que possible, la proportion, la direction et l'inclinaison des signes, afin que, même et surtout dans les syllabes liées, on n'ait pas a hésiter pour les reconnaître à la lecture.

QUATRIÈME SYSTÈME,

LA SYDOGRAPHIE

OU ÉCRITURE PROMPTE.

Exposé du système.

Le système d'écriture sydographique est à son tour on ne peut plus simple.

Les signes consonnes y sont tous formés d'une petite ligne droite verticale, horisontale ou oblique, plus ou moins longue, avec un point ou un accent au dessous du signe pour représenter la voyelle.

De la sorte, les signes sont non seulement invariables de forme, d'inclinaison et de position, quoique tous sur ou sous une même ligne, mais aussi d'une facilité inouie pour le tracé (V. Ex. 40).

Quant à l'accentuation spéciale nécessaire à l'indication des voyelles, elle est si simple et si rapide qu'elle n'ajoute que bien peu au temps voulu pour le tracé des signes principaux.

Ce sont, au reste, les mêmes accents que pour les voyelles adjonctives de nos deux systèmes précédens. Ces accents se mettent au dessus pour indiquer que la voyelle est placée avant la consonne, et au dessous pour marquer au contraire qu'elle est à sa droite et se trouve par conséquent frappée par elle (V. Ex. 41).

Dans ce dernier cas, l'*e* non accentué égal à *he* ou *eu* ne prend point de signe, et toutes les syllabes que cette voyelle termine peuvent se lier entre elles, en tournant en haut les signes qui, dans l'alphabet, sont au dessus de la ligne, et en bas ceux qui sont au dessous (V. Ex. 42).

Pour les polyarthriques, ou consonnes composées, les signes se lient tout bonnement l'un à l'autre au moyen d'une boucle (V. Ex. 43).

Pour les polyphthongues, ou voyelles composées, on met un accent composé (V. Ex. 44).

En ce qui concerne les abréviations, il n'y a rien à changer, pour la sydographie, aux règles données au commencement de ce traité. Elles sont à peu près toutes applicables ici.

La ponctuation ne demande qu'une très légère différence, laquelle consiste dans l'adoption d'une ligne droite transversale, assez longue pour couper la ligne à la fin des phrases, avec des blancs proportionnels pour la séparation des divers membres de celles-ci.

Pour les majuscules, on se rappelle qu'il n'y a qu'à forcer le trait.

Quant à la numératiom, les signes peuvent rester les mêmes que dans les trois premiers systèmes.

L'exemple 43 donne un spécimen général du genre diographique.

Observations supplémentaires.

Bien que les considérations que nous avons présentées en faveur de la phérographie ne soient pas précisément applicables à ce quatrième système, nous devons cependant le signaler à l'attention des sténographes comme offrant des conditions incontestables de netteté et de rapidité, soit à cause de la simplicité de la forme des signes et de l'invariabilité de leur position, soit à cause du peu de temps que prend l'accentuation phthongue, que, dans un cas d'absolue nécessité, l'on peut même ne mettre qu'en partie ou après coup.

RÉSUMÉ ALPHABÉTIQUE

des quatre systèmes

EN ÉCRITURE VERTICALE.

Un seul mot d'exposé

pour les quatre systèmes.

Quelques sténographes ayant avancé que le mode vertical était plus favorable à la rapidité de l'écriture que le mode horizontal, nous croyons devoir, sans toutefois partager encore cette opinion, donner sous cette forme, qui, bien que n'étant pas nouvelle, a du moins un caractère d'originalité et d'étrangeté assez curieuses, un résumé de chacun de nos quatre systèmes.

Les exemples 46 à 49 donnent les quatre alphabets tels qu'ils doivent être pour ce mode d'écriture, et les exemples 46 bis à 49 bis un essai d'application pratique de chacun d'eux.

On remarquera que ce qui, dans l'écriture horisontale, va de haut en bas prend, dans l'écriture verticale, la direction de droite à gauche ou de gauche à droite, et que c'est là toute la différence entre l'un et l'autre mode.

En effet, toutes les règles d'adjonctions ou d'abréviations s'appliquent si également à chacun d'eux que nous n'avons ici aucune observation à faire pour leur emploi dans le mode vertical, dont notre impartialité laisse le libre choix à la sagacité de l'écrivain.

FIN

DES QUATRE SYSTÈMES.

UN DERNIER MOT D'AVIS

au sujet de certaines annonces.

Nous ne devons pas quitter nos lecteurs sans les prémunir contre le danger de certaines annonces de systèmes prétendus merveilleux ; — dont, par exemple, l'un mettant, en moins de six leçons ordinaires, à même d'écrire immédiatement aussi vite que la parole ; — dont un autre destiné à l'honneur de remplacer l'écriture et l'orthographe usuelles; — dont un troisième donné comme langue universelle, — applicable d'ailleurs à la musique, — et offrant le moyen d'apprendre à lire ou à solfier, sans maître, ne connût-on ni une seule lettre, ni une seule note.

Nous ne dirons certes rien de ces systèmes vus en eux-mêmes, et dans lesquels se trouvent sans doute des idées plus ou moins heureuses, des moyens plus ou moins ingénieux ; mais nous dirons à leurs auteurs que ce double avantage, bien fait sans doute pour flatter leur amour propre, aurait dû préserver leur modestie du danger de croire ou de laisser croire à des impossibilités.

— 1 —

Que l'on puisse apprendre à écrire et à lire un système de sténographie assez correctement dans cinq ou six leçons, et même dans une ou deux, comme notre ouvrage le prouve suffisamment, cela va de soi ; mais qu'immédiatement après ce peu de leçons, et sans autre exercice pratique, on puisse suivre, en écrivant, la parole même la plus lente, c'est ce qui ne se conçoit plus guères, si ce n'est chez certains sujets hors ligne, et doués d'une aptitude toute particulière.

Une théorie artistique peut être plus ou moins brillante, plus ou moins facile à saisir dans ses détails comme dans son ensemble, mais elle ne donne pas ce que le temps et des essais réitérés peuvent seuls donner : l'habitude. Les bonnes méthodes et les bons maîtres font d'excellents élèves, mais n'improvisent pas un artiste. Nous sommes, en vérité, de grands enfans de vouloir marcher, toujours et partout, comme à la vapeur.

— 2 —

Pour ce qui est du remplacement de l'écriture et de l'orthographe ordinaires, par un système quelconque de sténographie, disons le franchement, il serait aussi inconsidéré de l'espérer que fâcheux de voir se réaliser une semblable utopie. La sténographie, art précieux comme moyen d'expression graphique immédiate de paroles qui, sans elle, seraient oubliées, ne sera jamais utile que sous ce point de vue. De quelques améliorations que soient susceptibles notre alphabet et notre orthographe, il serait déplorable de les voir remplacer par cette orthographe incolore qui, bien que vantée par Duclos et quelques autres novateurs distingués du dix-huitième siècle, n'aboutirait qu'à faire du langage écrit le tombeau de la science étymologique, qu'à effacer dans les mots toute teinte historique, toute spécialité traditionnelle.

— 3 —

Touchant la langue universelle, on oublie qu'une langue ne peut être qualifiée telle qu'en tant qu'elle est en effet universellement adoptée. Que serait-ce à cet égard qu'une simple proposition, fût-ce celle de la langue la plus rationnelle et la plus abréviative? Et d'abord, outre qu'une langue quelconque ne se crée que progressivement, et par le concours de tous plutôt que par la volonté et la supériorité d'intelligence d'un seul, le plus difficile n'est pas dans la création d'un langage convenable, mais dans son adoption tel quel et à toujours sur toute la surface du globe.

Votre projet de langue, donc, fût-il dix fois meilleur, ne s'élèvera pas même à l'état d'idiome dans la plus petite bourgade, car, encore une fois, il ne s'agit pas de savoir si on pourrait trouver une langue meilleure que la nôtre, mais d'en avoir une connue de tous. Or, comme partout il y en a une, chaque pays réclamera la préférence pour la sienne, qui se parlera quand même, et la vôtre restera partout sans le moindre droit de bourgeoisie.

Supposez même que, dans un congrès universel, il fut décidé que l'on ne parlerait plus que telle langue, la vôtre ou la nôtre, peu importe, combien de temps, dites le nous, cette langue, en la supposant dominatrice, exclusive, prescrite par toutes les lois de toutes les nations, et même, un beau jour, purement parlée, combien de temps cette langue resterait-elle sans être altérée, ici d'une manière et là d'une autre? Nous avons peine à fixer invariablement notre simple langue nationale que l'ignorance et l'irréflexion déchirent à qui mieux mieux, et vous espérez arriver, par la seule autorité de votre vouloir, à l'unité linguistique universelle, et à sa perpétuité jusqu'à la fin des siècles!

Or, souvenez-vous bien de ceci: les chemins de fer fussent-ils établis d'un pôle à l'autre, les voies aériennes fussent-elles sûres à tenir en aérostats, l'habitant de New-York pût-il venir à Paris et s'en retourner chez lui dans les vingt-quatre heures, vous ne parviendrez jamais à voir se réaliser votre rêve, car c'en est un à l'égal de certaines idées prétendues sociales de nos jours, écarts volontaires de l'esprit dans l'océan de la pensée, où le nuage opaque de l'orgueil cache trop souvent à l'homme des écueils inévitables, éternels.

— 4 —

Mais revenons à la sténographie, en l'examinant sous le point de vue de son application à la musique. — Ici, du moins, surgit une possibilité, celle de suivre un chant plus ou moins lent et à une seule partie (ce que peut faire, au reste, la notation ordinaire). Mais, hors de là, que peut le sténographe? Saisira-t-il à vol d'oiseau, nous ne dirons pas, ces morceaux si rapides et si délicieux sous les doigts de nos premiers artistes, ces cascades de sons, ces myriades d'étincelles mélodiques à la Paganini ou à la Milanollo, mais le plus simple morceau d'ensemble, la moindre succession d'accords? — Certes, le jour où vous sortirez d'une représentation du *Prophète* ou des *Huguenots*, après avoir écrit une seule page de ces chefs-d'œuvre avec une exactitude approximative, ce jour-là, disons-nous, nous nous courberons avec admiration devant votre génie, et votre mémoire ne périra pas.

— 5 —

Mais voici bien autre chose. Un livre qui apprend à lire et à solfier *sans maître*, ne connût-on ni une seule lettre ni une seule note!...

Or, ceci nous l'avons lu, et vous pouvez le lire comme nous dans un ouvrage récent annoncé avec un certain fracas, et dans lequel vous trouverez aussi que, si les moutons faisaient attention qu'en pinçant un peu plus les lèvres ils prononceraient *tè* au lieu de *bè*, ils pourraient arriver à se créer un langage précurseur d'une pleine et entière civilisation...!

Spectatum admissi risum teneatis, amici?

— 6 —

Un dernier mot sur notre méthode. Nous ne sommes ni assez vain ni assez confiant en nos humbles efforts pour croire que nous ayons trouvé la dernière expression de la science, mais nous avons foi en l'utilite de notre œuvre. Avons-nous mieux fait que nos devanciers, c'est ce que nous n'osons affirmer, mais notre système général est simple à saisir, facile à appliquer, et digne, dans tous les cas, de cette attention bienveillante que l'on ne peut refuser à un travail réfléchi et consciencieux.

FIN

DU TEXTE.

2

QUATRE NOUVEAUX SYSTÈMES DE STÉNOGRAPHIE.

TABLEAUX D'EXEMPLES.

PREMIER SYSTÈME.

La *Phérographie* ou Écriture portée.

§ 1er. — SIGNES PRINCIPAUX.

EXEMPLE 1er. *Nomenclature et forme des signes principaux.*

1° — *Signes* arthriques *ou d'articulations réelles.*

à ligne droite.		à ligne courbe.				à ligne mixte.		
r l	n m	t d	f v	s z	ch j	p b	q gh	-ill -gn (*llieu*)

Ces signes se tracent : savoir, *r*, *l*, à volonté ; — *n*, *m*, *t*, *d*, *f*, *v*, de gauche à droite ; — *p*, *gh*, de bas en haut ; — et *s*, *z*, *ch*, *j*, *b*, *q*, *-ill* (llieu), *-gn*, de haut en bas.

2° — *Signes* phthongues *ou de son*, *négatifs d'articulation.*

Un seul signe commun à tous les sons non frappés.

a	è, é	e (*he*), eu	i	o au	u	ou

EXEMPLE 2. — *Ligne phérographique.*

1° Complète. 2° Avec la ligne du milieu sous-entendue.

EXEMPLE 3. — *La ligne phérographique se divise en sept degrés.*

1er degré | *2me degré* | *3me degré* | *4me degré* | *5me degré* | *6me degré* | *7me degré*

Exemple 4. — *La valeur phthongue se détermine par le degré d'élévation du signe sur la ligne.*

a ea è ei ai é e (*he*) eu i y o au u ou eou

Exemple 5. — *Le signe du son se joint au signe de l'articulation finale, dans les phthongues mixtes non frappées.*

ar el eur hic auch up oug an, en ein, ain, in on un

Exemple 6. — *Le signe phthongue se supprime dans les syllabes frappées. Le degré d'élévation du signe arthrique en tient lieu.*

1° *Tableau syllabique général pour les sons simples.*

	a	è, é	e (*he*) eu	i	o, au	u	ou
r l							
n m							
t d							
f v							
s z							
ch j							
p b							
q gh							
-ill -gn (*llieu*)							

2° *Application du Tableau ci-dessus.*

charité capitaine paillasse souci philosophie rhétorique

Exemple 7. — *Pour les sons mixtes, on lie l'articulation initiale à l'articulation finale, en sous-entendant la voyelle du degré d'élévation du premier signe.*

char mer coq thym bon jeun seuil bis rhum

bal vol gaz fil sœur four jour chœur tem

bus sec phin faim dun six -gnon -gneur -illan mun

§ 2. Signes adjonctifs.

Exemple 8. — *Signes adjonctifs arthriques.*

1° *Une petite boucle lie l'articulation principale à un* r.

tr dr fr *ou* phr vr pr br cr *ou* chr gr

2° *Il en est de même pour le* l.

fl *ou* phl pl bl cl *ou* chl gl

3° *Un petit crochet initial s'emploie pour les liées avec* s *à gauche.*

sr sl sn sm st sd sph sv sp sb sq sgh

4° *Les liées diverses prennent, comme pour les liées avec* r *ou* l, *une boucle entre deux.*

x *pour* qs *ou* gz gn *pour* ghn mn pn ps pt phth

5° *Les triarthriques, ou articulations triples, prennent le crochet et la boucle.*

str scr spl

Exemple 9. — *Signes adjonctifs phthongues.*

pour *a* | pour *è* ou *é* | pour *e* ou *eu* | pour *i* | pour *o*, *au* | pour *u* | pour *ou*

o *ou rien* · .. *ou* — : *ou*

Suite de l'exemple 9. — *Ces signes adjonctifs se placent :*

1° — *Au-dessus, pour indiquer la première voyelle de la diphthongue.*

ia oa ui ouai aï ey œi oui oin

2° — *Au-dessous, pour indiquer la dernière.*

ia iai ieu iau iou iu ouai oui oin

3° — *Pour les disjointes, de même que pour les diphthongues.*

é - i a - ï o - ï é - u a - ü o - ü ou - ï

ou ou ou ou ou ou ou

EXEMPLE 10. — *Application de l'exemple 8 pour les diarthriques.*

C'est la place de la première consonne qui détermine la voyelle frappée par la seconde.

1° — *Pour les sons simples.*

pré chro pla chly vrai bleu trou blé glu

2° — *Pour les sons mixtes.*

tric trac splen cryp pres frein blan clerc

EXEMPLE 11. — *Application de l'Ex. 9 pour les diphthongues et les disjointes.*

1° — *Pour les sons composés purs.*

pié dia pieu dieu toi lui biai gloi souhaits

2° — *Pour les sons composés mixtes.*

chien liard friand criard pion lyon soin voir

§ 3. — SIGNES ABRÉVIATIFS DE SYLLABES.

1° ABRÉVIATIONS MÉDIALES.

EXEMPLE 12. — *Toutes les syllabes à e non accentué sourd se contractent en un seul signe avec celui de la syllabe précédente, comme si c'étaient autant de consonnes finales d'une même voyelle mixte.*

Le ciel est redevenu serein.

Ne crains pas que je te le redemande.

Je veux que cela se fasse de suite.

Sois heureuse, je te le souhaite de...

EXEMPLE 13. — *On fait de même à l'égard de certaines voyelles pouvant se rétablir facilement dans la lecture.*

croquemitaine sage-femme magistrature pétulance madame

figures permettre tous les hommes je demande la parole positivement

Les mots ci-dessus peuvent donc s'écrire en phérographie : croq-mitn, sajfm, majstratr, ptu-lans, madm, figr, permtr, toul-zom, *etc.; de même que les phrases de l'exemple précédent s'indiquent par :* le ciel-èrdv-nus-rein, jvqc-las-fasd-suit, ne crains-pas q j t l r d-mand, soizr z j t l-souhaite de... *Le sens de la phrase amène toujours à l'intelligence du mot.*

EXEMPLE 14. — *Rappel de voyelles composées réduites à un seul signesouvent même sous-entendu.*

eau œuf veau bœuf aire souhaits oiseau croyance royaume

EXEMPLE 15. — *La consonne* h *se supprime dans tous les cas.*

hiver herbe phérographie cohue écho héroïne ahuri

EX. 16. — *Consonnes redoublées ne s'exprimant que par un seul signe.*

pommes de terre paille ennemi abbé femme attitude village

EXEMPLE 17. — *Les consonnes ne se faisant pas sentir dans la prononciation ne prennent aucun signe phérographique.*

baptême vos maux belles de nuit amis dès long temps travaillaient

EXEMPLE 18. — *On ne doit que très-rarement supprimer des syllabes entières au milieu des mots.*

promenade recommandation sténographie

2° ABRÉVIATIONS DE FINALES.

EXEMPLE 19. — *Élision de l'e final devant une voyelle initiale.*

dilemme embarrassant habile homme tendre ami bonne occasion une année

EXEMPLE 20. — *Suppression de l'apostrophe.*

l'homme l'Europe s'il vient cela m'amuse c'était l'autre

Ex. 21. — ***Les consonnes finales se lient à la voyelle initiale du mot suivant.***

bon ami hiver affreux péril immense esprits élevés un *a*

2° *bis.* — SIGNES SPÉCIAUX DE FINALES.

EXEMPLE 22. — *Une ligne transversale indique les mots inachevés.*

Elle est : 1° oblique à gauche *pour les noms, les adjectifs et les pronoms ;*

telle quelle pour les noms.	*avec une boucle à droite pour les adjectifs.*	*avec une boucle à gauche pour les pronoms.*
considération	considérable	personne, quiconque.

Un trait d'échappement horizontal marquerait au besoin le pluriel : ce qui est très-souvent inutile.

révolutions incommensurables certains

2° Verticale *pour les verbes,*

Avec une sécante, dans le bas pour le passé, au milieu pour le présent, et dans le haut pour le futur.

Cette sécante est *horizontale* pour l'indicatif, *oblique à droite* pour le conditionnel, et *oblique à gauche* pour le subjonctif et l'impératif, qui n'est lui-même qu'un subjonctif abrégé.

Au passé de l'indicatif, elle se termine par une courbe, tournée en haut pour le *parfait*, en bas pour l'*imparfait.*

Elle peut, en outre, prendre une courbe initiale, tournée en haut pour le singulier, et en bas pour le pluriel.

	INDICATIF OU POSITIF.				CONDITIONNEL.	SUBJONCTIF et IMPÉRATIF.		INFINITIF.
	passé.		présent	futur.	présent.	passé.	présent.	présent.
	parfait.	imparf.						
sing.								
pluriel.								

Suite de l'exemple 22. — 2° *Application pratique.*

nous considérons | ils considérèrent | elles considéraient | vous considérerez

elle considérerait | que nous considérions | que tu considérasses | considérer

Pour les participes, la verticale peut prendre un indicule, vertical aussi, et placé à droite pour le singulier, à gauche pour le pluriel.

considérant | considérants | considéré | considérés.

3° *Oblique à droite pour les mots invariables.*

telle quelle pour les adverbes.	*avec un point au bas pour les prépositions*	*avec un point au milieu pour les conjonctions*	*avec un point en haut pour les interjections*
considérablement	excepté	néanmoins	fi-donc !

§ 4. — SIGNES ABRÉVIATIFS DE MOTS

EXEMPLE 23. — *Signes hypothétiques, pouvant avoir telle ou telle signification, suivant le degré à eux assigné dans la ligne phérographique par le libre choix de l'écrivain, et pouvant être changés ou multipliés à volonté.*

Application simplement indicative et tout-à-fait arbitraire.

(En droit.)	*(En politique.)*	*(En religion.)*	*(En philosophie.)*
jurisprudence	empire	catholicisme	entendement
jugement	souveraineté	saintes écritures	philosophie
tribunal	république	recueillement	sensation
premier ressort	démocratie	pénitence	intellect
dernier ressort	gouvernement	immortalité	corélation

On peut aussi employer les lettres de l'alphabet ordinaire, en prenant, par exemple, la lettre initiale du mot à abréger, et la faisant suivre d'un tremblé ou d'une ligne horizontale.

Ces sortes d'abréviations ne s'emploient que quand on croit ne pouvoir pas sans elles tenir pié à l'oraison.

§ 5. — Signes complémentaires.

Exemple 24. — *Signes de ponctuation.*

point simple	*virgule*	*point-virgule*	*deux points*	*point d'interrogat.*	*point d'admiration*	*fin d'alinéa*	*fin de vers*

La ponctuation peut se sous-entendre en la remplaçant par des blancs proportionnels entre les mots.

Exemple 25. — *Signes majuscules.*

Pour les capitales, ou lettres de tête, on n'a qu'à forcer un peu plus le trait.

Un roi, dit Machiavel, doit tout faire pour son peuple, et rien par lui.

Quand on me fait une offense, disait Descartes, je tâche d'élever mon âme si haut, que l'offense ne parvienne pas jusqu'à elle.

Chacun tourne en réalités,
Autant qu'il peut, ses propres songes;
Il est de glace aux vérités,
Il est de feu pour les mensonges.

Lafontaine, *lib. IX, f.* 6

Le causeur dit tout ce qu'il sait;
L'étourdi, ce qu'il ne sait guère;
Les jeunes, ce qu'ils font; les vieux, ce qu'ils ont fait;
Et les sots, ce qu'ils veulent faire.

Panard.

Fais tête au malheur qui t'opprime;
Qu'une espérance légitime
Te munisse contre le sort.
L'air siffle; une horrible tempête
Aujourd'hui gronde sur ta tête:
Demain tu seras dans le port.

J.-B. Rousseau, *L.* 12, *O.* 4.

. . . . Cédons à la tempête;
Sous ses coups redoublés il faut courber la tête.
Le temps peut tout changer . . . . . .

Voltaire (*Marianne*).

Exemple 26. — *Signes de numération.*

On les écrit comme les chiffres arabes ordinaires.

0 1 2 3 4 5 6 7 8 9

Le nombre 37458, multiplié par 69002, donne pour produit 2584676916.

Récapitulation des signes sur une ligne double.

On écrit sur une ligne double, comme si elle était triple, c'est-à-dire, en sous-entendant une ligne entre les deux qui sont tracées.

EXEMPLE 27. § 1er. SIGNES PRINCIPAUX.

1° *Arthriques* (ou d'articulation).

r l n m t d f v s z ch j p b q gh -ill -gn

2° *Phthongues* (ou de son).

a è *ou* é e *ou* eu i o *ou* au u ou

§ 2. — SIGNES ADJONCTIFS.

1°. *Arthriques :* une boucle ou un crochet.

un crochet initial pour les présifflantes *une boucle intermédiaire pour les autres.*

sr sl sn sm st sd sf sv sp sb sq sg pr br phr pl bl fl x phth

2° *Phthongues :* des points ou accents

placés dessus pour les voyelles d'avant *placés dessous pour celles d'après.*

aï ey iau oi éu ua oui œi ia oy oi iai iau aü iau ouai

§ 3. — SIGNES ABRÉVIATIFS DE SYLLABES.

1° Suppression de certaines lettres sans signe à leur place, mais alors seulement qu'elles sont faciles à rétablir dans la lecture

Monsieur Madame

2° Suppression de finales à l'aide d'une transversale *oblique à gauche* pour les noms, pronoms, adjectifs. *verticale* pour les verbes. *oblique à droite* pour les mots invariables.

§ 4. — SIGNES ABRÉVIATIFS DE MOTS.

Ces sortes de signes, qui doivent être fort rares, sont libres, et d'ailleurs variables suivant le sujet du discours.

§ 5. — SIGNES COMPLÉMENTAIRES.

Ponctuation.

Capitales. Le trait plus appuyé.

Numération.

EXEMPLE 28. — *Application de ce mode d'écriture.*

Chacun a ses défauts, et vous avez les vôtres ;
Indulgent et sévère, honnête homme et chrétien,
Toujours pardonnez tout aux autres,
Jamais ne vous pardonnez rien.

LEBRUN.

Ne parler jamais qu'à propos,
Est un rare et grand avantage,
Le silence est l'esprit des sots,
Et l'une des vertus du sage.

DEUXIÈME SYSTÈME.

L'*Hémigraphie*, ou Mi-Ecriture.

Exemple 29 de la série générale. — *Signes généraux.*

1° *Signes* arthriques *pour les consonnes.*

r l | n m | t d | f v | s z | ch j | p b | q gh | -ill -gn *(llieu)*

Nota. A la fin des syllabes, les consonnes *n* et *m* prennent les mêmes signes que dans la phérographie.

n | m

2° *Signes* phthongues *pour les voyelles, avec l'inclinaison et la place à donner aux consonnes ci-dessus, pour indiquer sans autre signe la voyelle par eux frappée.*

Voyelles pures: a | è, ai, é | e (*he*), eu | i | o, au | u | ou

Voyelles mixtes: an in on un | ec or ouf

Exemple 30. — *Tableau paradigme des syllabes frappées.*

	a	è é	e(*he*) eu	i	o au	u	ou
r l							
n m							
t d							
f v							
s z							
ch j							
p b							
q gh							
-ill -gn *(llieu)*							

Ex. 30 *bis.* — *Application du tableau précédent.*

charité | capitaine | paillasse | souci | philosophie | rhétorique

EXEMPLE 31. — *Signes adjonctifs et leurs combinaisons.*

Les mêmes que dans la phérographie, soit une boucle ou un crochet pour les diarthriques, et un point ou un accent pour les diphthongues.

1° *Pour les diarthriques.*

Liées avec r.								*Liées avec* l.					*Liées diverses.*				
tr	dr	fr	vr	pr	br	cr	gr	phl	pl	bl	cbl	gl	x	ghn	ps	pt	phth

Liées avec un s ***initial.***

sr sl sn sm st sd sf sv sp sb sq sg

1° *Pour les diphthongues.*

A voyelle adjonctive placée avant.						*A voyelle adjonctive placée après.*					
ia	iai	iau	oui	ouai	oï	ui	oui	aï	ey	iou	oï

EXEMPLE 31 *bis.* — *Emploi des signes ci-dessus.*

priez Dieu **propriétaire** **sabre de bois** **je te le désire bien**

Nota. **Les signes d'abréviations et ceux complémentaires sont les mêmes que dans la Phérographie, sauf ceux de ponctuation, que remplacent les signes ordinaires ou des blancs proportionnés aux repos à indiquer.**

EXEMPLE 32. — *Specimen d'écriture hémigraphique.*

Je veux que l'on soit homme, et qu'en toute rencontre
Le fond de notre cœur dans nos discours se montre;
Que ce soit lui qui parle, et que nos sentiments
Ne se masquent jamais sous de vains compliments.

MOLIÈRE. (*Le Misanthrope.*)

Le franc, pièce d'argent, tirait son nom de la figure qu'elle représentait autrefois; c'était celle d'un français à pied ou à cheval. Les francs commencèrent sous le roi Jean à porter l'image du roi et une croix fleurdelisée, à laquelle on substitua plus tard les armes de France.

TROISIÈME SYSTÈME.

La *Diographie* ou Écriture à signes contractés.

EXEMPLE 33 *de la série générale. Signes* arthriques *ou consonnes.*

r l n m t d f v s z ch j p b q gh -ill -gn

NOTA. Tous ces signes se tracent de haut en bas.

EXEMPLE 34. — *Signes* phthongues *ou voyelles.*

a è, é e, eu i o, au u ou

EX. 35. — *Combinaison des signes ci-dessus pour les voyelles frappées.*

	e (*he*)	a	è, é	i	o, au	u	ou
r l							
n m							
t d							
f v							
s z							
ch j							
p b							
q gh							
-ill -gn (*llieu*)							

EXEMPLE 35 *bis.* — *Application du tableau ci-dessus.*

charité capitaine paillasse souci philosophie rhétorique

EXEMPLE 36. — *Signes adjonctifs arthriques.*

1° *et* 2° — *Les consonnes liées avec* r ou l *prennent une boucle sur la ligne d'appui; à droite pour* r, *à gauche pour* l.

tr drais pri bro cru gra phre vri pl blou flû

3° — *Les liées avec une* s *à gauche prennent le crochet au commencement du signe.*

sla smi sté sphi svè spi sbi sco sga scru spla

4° *Les liées diverses s'unissent sans boucle ni crochet, de manière à aboutir à la ligne d'intersection afin de continuer au-dessous pour la voyelle.*

x *pour* qs *ou* gz, gn, pneu, psau, ptè, phthy

EXEMPLE 37. — *Signes adjonctifs pour les voyelles.*

Ce sont les mêmes que dans la Phérographie.

dia miau pieu biai froid quiou loï oui souhait

ou

EXEMPLE 38. — *Dans les voyelles mixtes, la consonne finale s'attache à la voyelle. Le* n *et le* m *s'écrivent en ce cas comme dans la Phérographie, c'est-à-dire horizontalement. La voyelle* eu *non frappée prend pour signe un petit rond.*

eun an èm er eul bad pour vil ssir je le veux veux-je

EXEMPLE 39. — *Application pratique du système.*

Malheur à l'enfant de la terre,
Qui, dans ce monde injuste et vain,
Porte en son âme solitaire
Un rayon de l'esprit divin!
Malheur à lui! l'impure envie
S'acharne sur sa noble vie,
Semblable au vautour éternel;
Et, de son triomphe irritée,
Punit ce nouveau Prométhée
D'avoir ravi le feu du ciel.

VICTOR HUGO (*Le Génie.*)

QUATRIÈME SYSTÈME.

La *Sydographie* ou Écriture prompte.

Ex. 40 *de la série générale.* — *Signes sydographiques arthriques.*

r l   n m   t d   f v   s z   ch j   p b   q gh   -ill (*llieu*) - gn

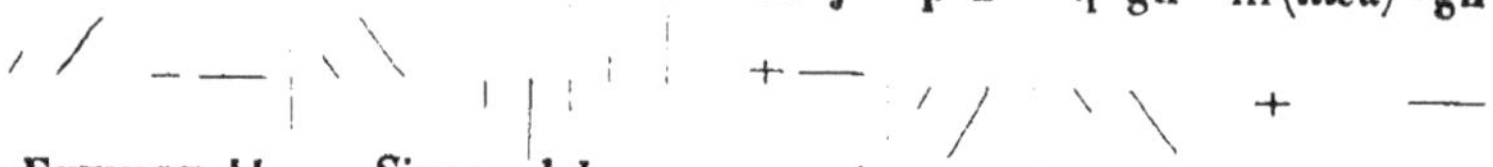

Exemple 41. — *Signes phthongues.* — *Accentuation spéciale extérieure pour les voyelles*

a   è ai ei é   e (*he*) eu   i   o au   u   ou

ou rien   *ou*   *ou*

Exemple 42. — *Application des signes ci-dessus.*

1° — *Les accents se placent dessous pour les voyelles frappées.*

charité   capitaine   paillasse   souci   philosophie   rhétorique

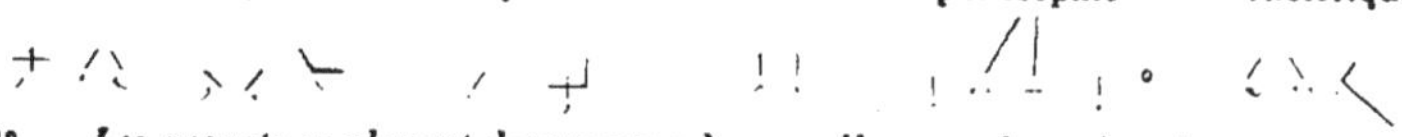

2° — *Les accents se placent dessus pour les voyelles non frappées.*

an   in   on   un   ar   el   ic   our

Exemple 43. — *Pour les diarthriques, on lie les signes avec une boucle, en ayant soin de diriger le second en haut si c'est un de ceux de dessus la ligne, en bas si c'est un de ceux de dessous.*

tr   dr   fr   vr   pr   br   cr   gr   pbl   pl   bl   cbl   gl   sr   sl

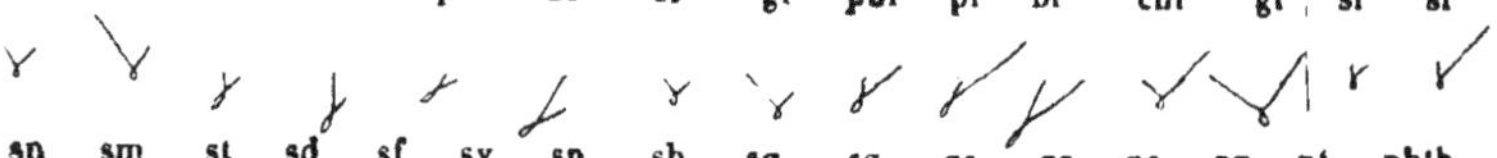

sn   sm   st   sd   sf   sv   sp   sb   sq   sg   qs   gz   ps   pn   pt   phth

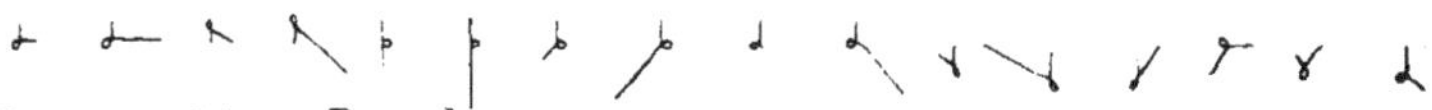

Exemple 44. — *Pour les diphthongues ou les disjointes, on peut mettre les accents l'un sur l'autre.*

oi   ia   iè   iai   ié   io   iau   iou   oui   ui   ey   aï   oü   œi

ou

Exemple 45. — *Specimen d'écriture sydographique.*

Une âme insensible est un clavecin sans touche dont on cherche vainement à tirer des sons.
(La Bruyère.)

L'ingratitude est une banqueroute morale.
(Capelle.)

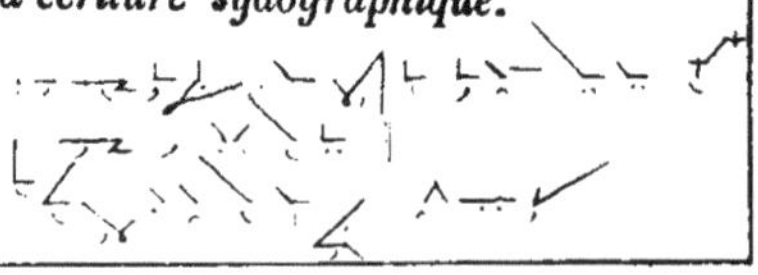

RÉSUMÉ ALPHABÉTIQUE GÉNÉRAL
EN ÉCRITURE VERTICALE.

EXEMPLE 46. *Phérographie.*	EXEMPLE 47. *Hémigraphie.*	EXEMPLE 48. *Diographie.*	EXEMPLE 49. *Sydographie.*
1° *consonnes.*	1° *consonnes.*	1° *consonnes.*	1° *consonnes.*
r	r	r	r
l	l	l	l
n	n	n	n
m	m	m	m
t	t	t	t
d	d	d	d
f	f	f	f
v	v	v	v
s	s	s	s
z	z	z	z
ch	ch	ch	ch
j	j	j	j
p	p	p	p
b	b	b	b
q	q	q	q
gh	gh	gh	gh
-ill	-ill	-ill	-ill
-gn	-gn	-gn	-gn
2° *voyelles.*	2° *voyelles.*	2° *voyelles.*	2° *voyelles.*
a	a	a	a
è, é	è, é	è, é	è, é
e, eu	e, eu	e, eu	e, eu
i	i	i	i
o, au	o, au	o, au	o, au
u	u	u	u
ou	ou	ou	ou
Signes adjonctifs et autres. *Les mêmes.*	Signes adjonctifs et autres. *Les mêmes.*	Signes adjonctifs et autres. *Les mêmes.*	Signes adjonctifs et autres. *Les mêmes.*
Nota. Les signes ci-dessus se tracent de droite à gauche, et les consonnes finales des voyelles mixtes se tournent à droite.	*Nota.* Les signes ci-dessus se tracent à volonté, et les finales des voyelles mixtes se tournent à droite.	*Nota.* Les signes ci-dessus se tracent de gauche à droite, et les consonnes finales des voyelles mixtes, à la suite des voyelles, en conservant l'inclinaison qui caractérise les consonnes.	*Nota.* Les signes ci-dessus se tracent à volonté, mais les finales des voyelles mixtes, se dirigent, savoir, celles de gauche à gauche, celles de droite à droite.

EXEMPLE 46 *bis.*	EXEMPLE 47 *bis.*	EXEMPLE 48 *bis.*	EXEMPLE 49 *bis.*
SPECIMEN de phérographie verticale.	SPECIMEN d'hémigraphie verticale.	SPECIMEN de diographie verticale.	SPECIMEN de sydographie verticale.
Ici-bas la douleur à la douleur s'enchaîne; Le jour succède au jour, et la peine à la peine. LAMARTINE.	Le soupçon est le fruit d'une mauvaise conscience, et l'effet de la crainte qu'on a d'être payé de la même monnaie qu'on donne aux autres.	Il n'est pas si aisé de se faire un nom par un ouvrage parfait que de faire valoir un ouvrage médiocre par le nom qu'on s'est déjà acquis. LA BRUYÈRE.	Par la faible fourmi ce service rendu — A la colombe frémissante Est une preuve suffisante — Qu'un bienfait n'est jamais perdu. LAFONTAINE.
La force ne vaut pas la persuasion, On peut braver la foudre, on cède à la raison. BAUMIER.	Qui ne vit que pour soi N'est pas digne de vivre. BOISSY.		

FIN DES EXEMPLES.

www.ingramcontent.com/pod-product-compliance
Ingram Content Group UK Ltd.
Pitfield, Milton Keynes, MK11 3LW, UK
UKHW021644260726
13994UKWH00003B/1258